はじめての

＼しあわせな／

猫との暮らし方

いちばん役立つ
ペットシリーズ

猫びより
編集部・編

日東書院

はじめに

創刊以来、〝猫の味方〟をモットーに猫と人の幸せを追求してきた雑誌『猫びより』が、猫の飼育書を作りました。

この本を手に取って下さった方は、何らかの形で猫とご縁があった方だと思います。初めての方もそうでない方も、猫がいるからこその苦労や悩みもあるかもしれませんが、猫はそれ以上の学びや喜び、そして笑顔をもたらしてくれる、私たちの最高の師でありパートナーだと『猫びより』は考えます。あなたにご縁のあった猫たちが幸せな猫生を全うできますように、本書がお役に立てば幸いです。

猫に愛されるための10箇条

猫と楽しく暮らすためには、まず猫にとってもあなたが最良のパートナーになることが大事です。猫を愛し、猫にも愛されるために必要な10箇条を、猫専門病院「CAT HOSPITAL」の獣医師・南部美香先生と考案しました。

1 猫の習性を知ろう

2 猫が喜ぶ空間を作ろう

3 猫の食生活に責任を持とう

4 猫が嬉しい距離感を知る

5 猫を注意深く観察する目を持とう

6 信頼できるホームドクターと出会おう

7 猫には猫の領域がある

8 最期は家族とともに

9 猫との「ご縁」を大事にしよう

10 「キャットラバー」になろう

1 猫の習性を知ろう

猫は生まれながらに狩りをする肉食動物です。そして、長い歴史の中で人と生活をともにしてきた家畜でもあります。猫の一番の魅力は、「人に寄り添いながらも家畜の中で最も野生動物に近いところ」ではないでしょうか。

猫が動くものに興味を示すのは、狩りをする習性の名残りで、それらは猫の野生モードにスイッチを入れる格好の標的なのです。「生まれながらのハンター」である彼らが一番喜ぶ遊びは、「狩りの疑似体験をさせてあげること」です。⬇P80～

そして、ひとりを好むのも猫ならではの特性です。集団で獲物を捕る犬と違って1匹で狩りをするネコ科の動物は、（群れで暮らすライオンを除いて）基本的に単独行動です。また、よく「猫は家につき、犬は人につく」といわれますが、これは猫が環境の変化を好まない動物だということをよく表しています。「完全室内飼いはストレスが溜まるのでは？」と心配する人もいるかもしれませんが、猫は本来好奇心旺盛でありながら、同時に警戒心の強い動物でもあります。彼らにとって優先すべきは、「安心できるテリトリーに暮らせることと、エサに不自由しないこと」なのです。

2 猫が喜ぶ空間を作ろう

ポイントは、「上下運動ができること」と「思いきり走り回れること」です。本来木に登ったり、屋根を自由に行き交ったりするのが猫。それを考えると、軒下も縁側もある家で自由に外にも行けて交通事故の心配が少なかった、いわば昭和初期の環境が彼らには最高だったのかもしれません。しかし、集合住宅が密集し交通が発達した現代では、多くの飼い猫が狭い空間で暮らさざるをえなくなったのも事実です。だからこそ、飼い主である私たちが、室内に猫が喜ぶ空間作りを心がける必要があるのです。⬇P67～

3 猫の食生活に責任を持とう

かつて、猫たちは自由に外でネズミや鳥を捕って食べ、必要な栄養素を人間に頼る必要がありませんでした。しかし、今や口にできるものは飼い主が与えるものしか選択肢がなくなったことで、肥満や炭水化物の摂りすぎから来る糖尿病などの成人病、過去には起こりえなかった病気も増えてきているといいます。つまり、食生活に関しても現代は猫にとって「受難の時代」といえるのかもしれません。愛猫の健康のためにも、良質なフードを見極める目を養いましょう。⬇P41～

4 猫が嬉しい距離感を知る

猫が猫らしく魅力的なのは犬のように「ただ褒めるだけでは満足してくれないところ」ではないでしょうか。猫に好かれたかったら、褒めるよりもまず「しつこくかまいすぎないこと」を心がけましょう。「飼い主がボス」の犬と違って猫にボスは必要ありません。母子関係に似たものが根底にあると

は考えられますが、しいていえば、干渉し合わず適度な距離を保った「お隣さん」のような関係が猫たちには心地よいのだと思います。

5 猫を注意深く観察する目を持とう

そして、猫と暮らす上で特に大事にしたいのが「猫が発する病気のサインを見逃さないこと」です。不適当な排尿行動や、水・食事の摂取量の変化などは、日常生活の中で常に観察することを心がけておけば、わずかな異変にも早い段階で気づくことができます。見るからに具合の悪そうな状態は、人間でいうと病気がかなり進行している重篤な状態です。猫の病気は「早期発見・早期治療が鉄則」だということを忘れないようにしましょう。⬇P110～

6 信頼できるホームドクターと出会おう

医療で後悔を残さないためには「この先生になら愛猫の命を預けられる」と、最後は思えるかどうか……この信頼関係が非常に重要ではないでしょうか。治療の選択をするのは猫ではなく人間です。その人間同士の相性が一番大きいともいえます。飼い主である私たちが信頼できるホームドクターとともに病気を理解し、愛猫を支えていく過程が充実したものであるならば、最後に後悔は残らないのではないでしょうか。日本では医師が神聖視される傾向があるので治療方針になかなか意見を言いづらい雰囲気がありますが、飼い主も積極的に治療に参加することが大切なのです。↓P106〜

7 猫には猫の領域がある

私たちにとって猫は、そばにいてくれるだけで癒され、時に心の支えになってくれる大切な存在ですが、「猫はあくまで猫」です。猫を何かの代替にするのは互いにとっても不幸なことではないでしょうか。ペットは家族であっても子どもではありません。人間の子どもだと思って10代で亡くなったら立ち直れないと思いませんか？しかし猫は15歳で人間でいう73歳、20歳を超えると90歳以上になり、彼らにとっては大往生なのです。「人間と猫の時間は違う」ということを理解しましょう。その上で、互いに限られた時間の中で「いてくれて幸せ！ だから頑張れる」。そんな喜びを共有できたら、猫も人も幸せになれるに違いありません。

8 最期は家族とともに

理想は「愛猫の死期を受け入れ、できることなら最期は家族とともに迎えさせてあげること」ではないでしょうか。信頼するホームドクターとしっかり話し合った上で、もし医療で打てる手が無くなった場合には、最期はその子が暮らした家の大好きだった場所で、愛する家族に見守られながら逝かせてあげるのが、1つの幸せな見送り方といえるかもしれません。愛猫の死期を知らないままでいることも、知った上で看取ることも、どちらも辛いことに変わりはありませんが、命を預かった者として死に向き合うことも愛情なのです。

　そして、猫も人も寿命はそれぞれです。その子の寿命を精一杯生きたことを認めてあげましょう。一緒にいられた時間がどんなに短くても、「家族としてそこに存在してくれてありがとう」という気持ちを私たちが持ちつづけることが、猫も幸せなのではないでしょうか。生き物である以上、死は自然の摂理です。それを少し先に見せてくれるのが彼らなのです。

9 猫との「ご縁」を大事にしよう

　そうやって、さまざまな出会いの中でまたご縁があった命を何代も何代も大事にしていく……それこそが素晴らしいことではないでしょうか。今なお、身寄りの無い猫や殺処分される動物たちが後を絶ちません。もちろん、現実的に今すぐすべての命を助けることはできないかもしれませんが、その中でもご縁のあった猫を家族として迎えてあげてほしいと心から願います。ネズミ駆除はもちろん、最近では自らが持つ能力で傷ついた人を癒すアニマルセラピーの分野で活躍する猫、家庭や地域で欠

かせない潤滑油になっている猫たちもたくさんいます。「番猫」にはなれなくても、私たちが暮らす社会で猫たちの活躍の場は無限大なのです。

10 「キャットラバー」になろう

「キャットラバー」とは、「猫とともに暮らすことを人生の一部に組み込んでいる人」のことをいいます。珍しい柄や血統書が付いているからではなく、猫はありのままで素晴らしい存在です。捨て猫や外で身寄り無く暮らすストリートキャットにも目を向け、殺処分される命を心から不憫に思って、

動物愛護の精神に基づいた猫との出会いができる人、そして私たちと猫が生きる社会の幸せを静かに願う人——それこそがキャットラバーなのではないでしょうか。猫は元来人の手で日本に持ち込まれた家畜で、野生には戻れません。彼らは人に寄り添わずして生きていけない動物だということを改めて知ってほしいと思います。

猫に愛されるためには、まずは猫を知り、猫の気持ちを汲み取ることから始めましょう。そしていつかは言葉を持たない猫や動物たちに優しい社会を作ることが、私たち人間に優しい社会を作ることにも繋がるのではないでしょうか。

はじめての猫との暮らし方・目次

9 病気の早期発見のために

10 知っておきたいあれこれ

知っとこ Column

1

猫を迎える準備

猫との暮らしに必要なグッズや室内の安全チェックなど、
猫を迎える準備をしましょう。

必要なものをそろえよう

初めて猫を迎える人は、まず何をそろえたらいいか迷うもの。もちろんすべてそろっているとベストですが、事前に「最低限そろえておきたいもの」、「ゆっくりでも間に合うもの」、「あると便利なもの」、「非常時にあると安心なもの」と優先順位を付けてカテゴライズしておくと「あれもこれも」と慌てずに済みます。

すぐに必要なグッズ

フードやトイレ、最低限の身の回り品は猫を引き取る当日までに用意しておこう。

フード

年齢に見合ったキャットフード。今まで食べていた銘柄が分かれば同じものを用意すると安心。

食器

フード用と水用の2種類を用意。こぼれにくく安定感のあるものがよい。特に水は何ヶ所かに置いていつでも飲めるようにしておく。

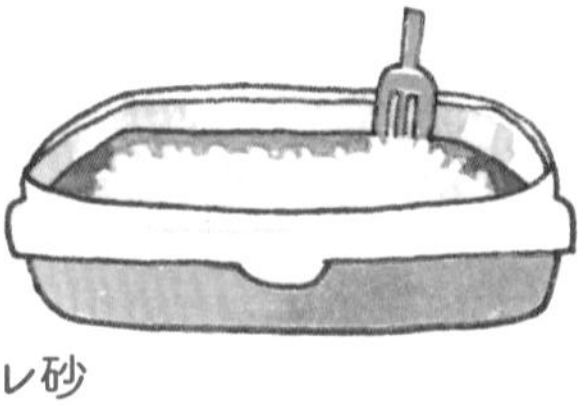

トイレ

猫のサイズに見合った大きさのトイレトレイを用意。頭数＋1個が理想。固まった砂や便を取り除くスコップも忘れずに。箱型・ドーム型などタイプもさまざま。

トイレ砂

トイレトレイに入れて使用。鉱物系のほか、紙や木材などさまざまな種類がある。

できれば…

愛用品を引き継ぐ

猫は環境の変化にストレスを感じやすいので、自分のニオイが付いたグッズがあれば安心しやすい。もしそれまで使用していたトイレやベッド、おもちゃなどの愛用品があれば、引き継ぐのがよい。また、フードや猫砂なども最初のうちは銘柄を変えない方がベター。

ケージ

新しい環境に慣らす時、病気療養時など猫を隔離したい時に役立つ。万が一災害時に避難所に出向く際もケージがあれば安心。普段から猫の個室として、ベッドなどを入れて部屋に出しておくと隔離する際に警戒されない。

ベッド

安心してくつろげる専用の寝床を用意。段ボール箱などにタオルなどを敷いて作ってもOK。

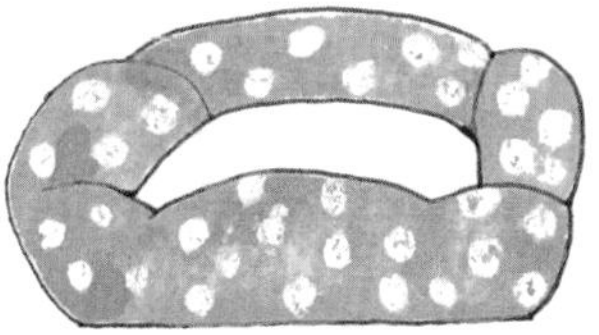

キャリーケース

猫を引き取る際や、何かあった時にすぐ病院へ行けるようにあらかじめ準備しておく。布製のバッグやリュックタイプ、プラスチック製やカートタイプなど種類もさまざま。大きくなっても使えるサイズで底が安定したものをチョイス。

マイクロチップ

直径2㎜、長さ8〜12㎜

万が一迷子札が外れてしまった場合に頼りになるのが、マイクロチップ。日本では、2022年より犬猫のブリーダーや販売業者は装着・登録が義務化されている（すでに飼育している猫の装着は努力義務。希望すれば動物病院で挿入してもらえる）。個体識別番号が入力された小さな円筒状の電子標識器具を首元に埋め込むもので、ほとんどの動物病院や愛護センターに専用リーダーが配備されているため、猫と飼い主をつなぐ最後の手がかりとなる。

首輪＆迷子札

もしも脱走してしまった場合に、飼い猫の目印になるのと、迷子札に連絡先を書いておけば保護時に手がかりとなる。首輪は引っかかって抜けなくなる事故を防ぐために、強い力がかかるとはずれる安全バックルがオススメ。

ゆっくりそろえて間に合うグッズ

おもちゃやお手入れグッズなども、
徐々にそろえていこう。

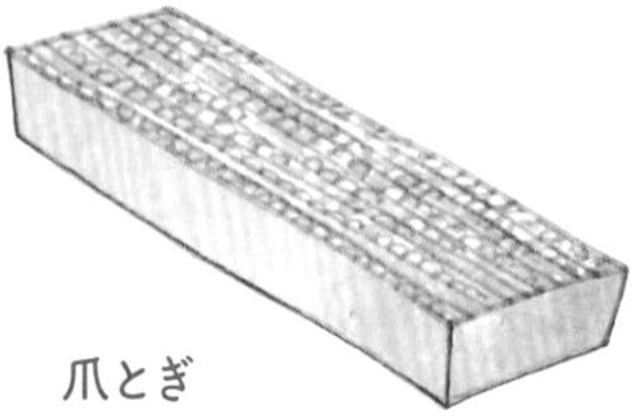

爪とぎ

爪をとぐのは猫の本能。家具で爪とぎされないためにも専用のものを用意する。タイプも置き型やポール型、材質も段ボール、麻、木などさまざま。

おもちゃ

おもちゃは猫にとってストレス発散や運動不足解消に必要なアイテム。特に遊び盛りの子猫にとってはおもちゃで狩りの疑似体験ができて学習面でも大切。

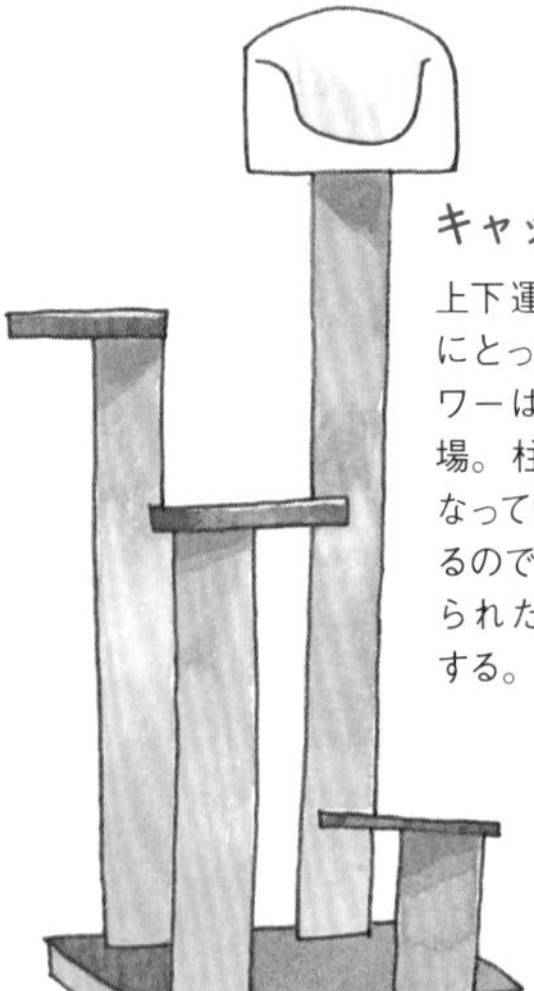

キャットタワー

上下運動を好む猫にとってキャットタワーは最適な遊び場。柱が爪とぎになっているものもあるのでスペースが限られた家では重宝する。

お手入れグッズ

爪切りやグルーミンググッズなど、お手入れも小さい頃から慣らしておくと互いにストレスなくできる。グルーミングブラシは短毛・長毛によって使い分けて。

季節のアイテム

猫用こたつやひんやりするアルミマットなど、季節に応じて快適に過ごせるグッズ。エアコンが苦手な猫でも、家の中で心地よい場所を選ぶことができる。

リード・ハーネス

外出時、通院時の脱走防止や、災害時の避難の際にもあると役立つ。小さい頃から着脱に慣らしておくとよい。

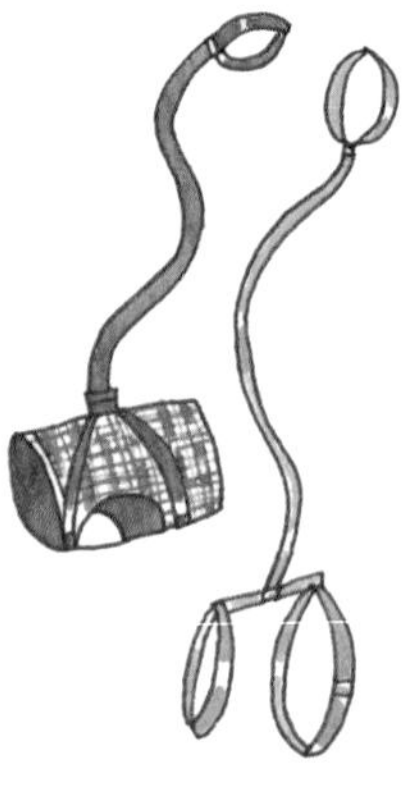

あると便利

室内で猫と快適に過ごすために、お掃除グッズや空気清浄器などは、あると便利なアイテム。

ペット用ウェットティッシュ

ノンアルコールのペット用除菌ティッシュ。口回りや耳などのお手入れの際や、ちょっとした汚れが気になる時にあると便利。

除菌・消臭スプレー

食べこぼしや嘔吐、トイレ周りの掃除などにあると便利。猫は中毒を起こしやすいため、舐めても安心な成分のものを選ぶこと。

洗濯ネット

どうしても通院時などにパニックになる猫は、ネットに入れた状態でキャリーケースに入れていくと万が一の脱走を防げる上、診察もスムーズに。

空気清浄器

猫の体臭はきつくないものの、マンションや締め切った部屋など、特に気密性の高い部屋で飼う場合にはトイレ臭などがこもりがちに。空気清浄器があると猫も快適。

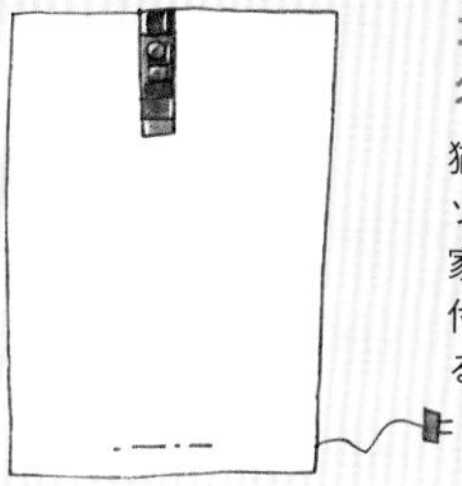

コロコロクリーナー

猫ベッドの周辺や、ソファなどの布製家具、衣服などに付いた抜け毛を取るのに便利。

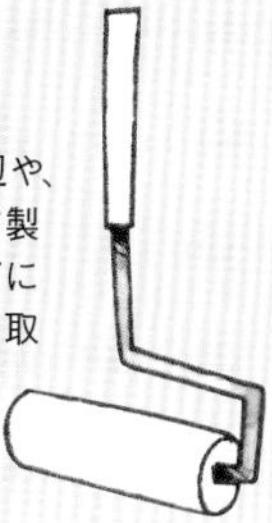

あると安心

万が一の災害時に備えて、すぐに持ち出せる猫用の避難グッズをそろえておくといざという時も慌てずに済む。➡ P152

事前の安全Check

- □ お風呂やキッチンには猫が入れないようにする
- □ 割れ物・壊れやすいものを棚や机に出さない
- □ 目に付く場所に食べ物や洗剤・薬剤を放置しない
- □ 中毒を起こす可能性のある植物（→ P50）は片づける
- □ ゴミ箱は漁れないように蓋付きのものにする
- □ ボタン・輪ゴム・針など遊んで誤食しそうなものは落ちていないか
- □ 脱走防止のために窓やドアを開けっ放しにしない
- □ 感電防止のために無駄なコードは束ね、コンセントガードなどを付ける
- □ 最寄りの動物病院の情報を確認しておく

事前に安全対策を

やんちゃ盛りの子猫を迎える場合は特に注意。子猫は目に付くものすべてがおもちゃといわんばかりに好奇心旺盛に、家中のものに興味を示します。思わぬ事故を未然に防ぐためにも、事前に安全対策をとっておきましょう。お風呂などの水回りや火を使うキッチン、コンセント周辺は要注意です。

そして、いざという時のために最寄りの動物病院の連絡先や診察時間なども確認しておきましょう。

初日の流れ（例）

午前中にお迎え・移動

- 車に酔ったりストレスによる嘔吐を防ぐためにも、できれば朝ごはんは抜いておく。
- 移動中はキャリーに布をかぶせて暗くしておくと猫も安心しやすい。
  ※室内外の寒暖差にも注意（季節に応じてタオルにくるんだカイロや保冷剤をキャリーに入れるなどの工夫を）。
- 猫の負担を考えて、最短ルートで刺激の少ない移動手段をとる。

到着・探索行動開始

- 猫の体調と安全Check（右頁）を確認したら、出して好きなようにさせる。
  ※体調が悪そうな場合は早めに獣医師に相談を。
- ニオイを嗅ぎながら歩き回る探索行動中は、安全を確認しながらそっと見守る。

ごはんタイム

- 少し慣れてきたら用意したフードをあげてみる。

トイレタイム

- 猫がソワソワしながら床を嗅いだり手で掘るようなしぐさを見せたら排泄の合図。トイレに連れていく。➡ P62～

就寝

- かまいすぎず、猫にリラックスさせる。
- 安心して眠れるベッドなどを近くに置いておくとよい。

早めに引き取るのが理想

いよいよ猫がやってくる日。できれば何かあった時に対処しやすいように、また目が行き届きやすいように午前中に引き取るのがオススメ。まずは猫に「ここは安全な場所」ということを認知してもらうためにも、触りすぎたりかまいすぎず自由にさせてあげましょう。猫は自分のニオイの付いたものがあると安心しやすいので、愛用品を一緒にもらってくるなどするといいでしょう。

先住猫がいる場合

対面は時間をかけて慎重に

知っとこ Column

先住猫がいる場合に大事なのは、新たに迎える猫のワクチン接種が済んで健康に問題がないことを確認してから接触させるということ。

ただし、いきなり対面させるのではなく、時間をかけて慣れさせましょう。最初は部屋を分けるなど距離を置いてニオイや気配に慣れさせ、その後ケージ越しに対面させて様子を見るのがコツ。相性は対面させてみないと分かりませんが、比較的環境を柔軟に受け入れやすい子猫同士はうまくいきやすく、環境の変化を好まない老猫や警戒心が強く神経質な猫にはストレスになるケースが多いといえます。

猫は極力無駄な争いを避けるため、相性が良くない場合でも十分な居場所や食事が確保できていれば、付かず離れずうまく棲み分けができます。しかし、よほど相性が悪い場合には接触を断ち、別の部屋で生活させるなど、必ず互いに干渉しあわない安全地帯と避難場所を用意しましょう。

また、とかく新入り猫に関心が行きがちですが、何事も先住猫を優先するなど今まで以上に先住猫へのケアと愛情を注ぐことも忘れずに。

2

子猫のお世話

もしあなたが生後間もない子猫とご縁があった場合は、
母猫になったつもりで特別なケアが必要です。

生後間もない子猫を突然保護したら…

偶然、まだ目も開かない生まれたばかりの子猫や、乳離れしていない子猫を保護した場合、まずは最寄りの動物病院に連れていこう。

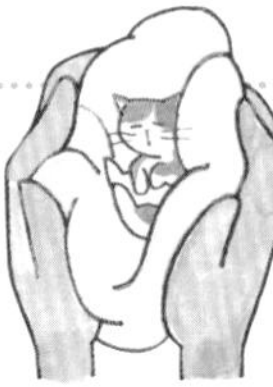

体温保持

生後45日頃までの子猫は保温ベッド（➡P24）を作って体温を保持する。緊急時はとりいそぎタオルにくるむなど保護対策を。

↓

すぐに最寄りの病院へ！

まずは病院で健康診断を受ける。

↓

診察・適切な飼育指導を

子猫の週齢や発育状態、病気や寄生虫の有無などに応じて今後の通院、飼育指導を受ける。フードも病院でひとまず処方してもらえば安心。

1歳までは大切な成長期

誰もが虜《とりこ》になってしまう、毛糸玉のようにフワフワで可愛らしい子猫ですが、子猫とのご縁も人さまざまです。もしも突然、母猫からはぐれてしまったり、母猫が育児放棄した生後間もない子猫を保護した場合には、ミルクや排泄のお世話が必要です。また、1歳までの子猫は心身ともに急速に成長する大切な時期。あなたが子猫の母親になったつもりでたっぷり愛情を注いで、しっかりケアしましょう。

➡ 子猫の成長スケジュール

子猫はたっぷり寝て（1日約20時間）3ヶ月頃まで急激に成長する。生後6週目頃までは母乳（もしくは子猫用ミルク）でしっかり栄養を摂らせ、6週目を過ぎたあたりから離乳食に切り替える。心身ともに発育に大事な時期で体重も日々15～20gずつ増えるので、毎日量って健康管理しよう。

誕生～1週目　体重約100～120g。授乳・排泄以外は寝て過ごす。

1～2週目　体重約200～250g。目が開く。

2～3週目　体重約350～400g。耳が立つ。行動範囲が広がる。

1ヶ月～5週目　体重約400～500g。喉をゴロゴロ鳴らしたり毛繕いするように。

6～7週目　体重約600～700g。離乳食スタート。よく動くようになる。

2ヶ月～9週目　体重700g～1kg。子猫用フードに。ワクチン接種を受ける（3～4週後に再接種）。

3ヶ月～　体重1～1.5kg。お手入れグッズに慣れさせる。

6ヶ月　体重2～3kg。母猫から独立。犬歯が生えかわる。メスは発情が見られるように。

1歳　体重3.5～5.5kg。体がほぼ完成。

1ヶ月未満の子猫のお世話

1ヶ月未満の子猫の場合は、母猫の代わりに授乳・排泄のお世話が必要。
体温調節もまだできないので、温度管理にも気を付けよう。

母猫がいない場合や育児放棄が見られる場合には、生後1週間に満たない赤ちゃん猫は体温調節ができないため、まずは体温を保てる保温ベッドを用意しましょう。猫の平熱は38・5℃。室温を25℃前後、ベッド内を約30℃に保つのが理想的です。また、生後1ヶ月頃までは子猫用のミルクを与え、排泄を促す必要があります。不安な場合は、早めに動物病院に相談しましょう。

保温ベッドを用意しよう！

ベッドといっても子猫が脱走できないある程度高さのある箱がベスト。格子状のケージは温度が保ちにくいため、段ボール箱や発泡スチロールの箱など保温効果があるもので作ろう。完成したベッドは、目の行き届く室内の静かで安全な場所に置くこと。

用意するもの

箱

ある程度の高さと広さのもの。底に吸水性のあるペットシーツを敷いておくと便利。

タオル

常に清潔にしておき、汚れたらこまめに交換する。

保温グッズ

ペット用ヒーター・湯たんぽ・カイロ・お湯を入れたペットボトルなどをタオルでくるんで隅に置く。暑くなりすぎないよう注意。

ミルクのあげ方

市販の子猫用ミルクと哺乳瓶（もしくはシリンジ）を用意。ミルクを猫肌（38℃）に温めたら、3～4時間おきに哺乳瓶で与える。量（粉ミルクの場合濃度）などは獣医師の指導、もしくはパッケージを参考に。牛乳は消化不良や下痢を起こすので与えず、必ず猫用のものをチョイス。

1

CAT
MILK

猫肌のミルクを用意する。作り置きはせず、その都度哺乳瓶もキレイに洗って清潔なものを使用する。

2

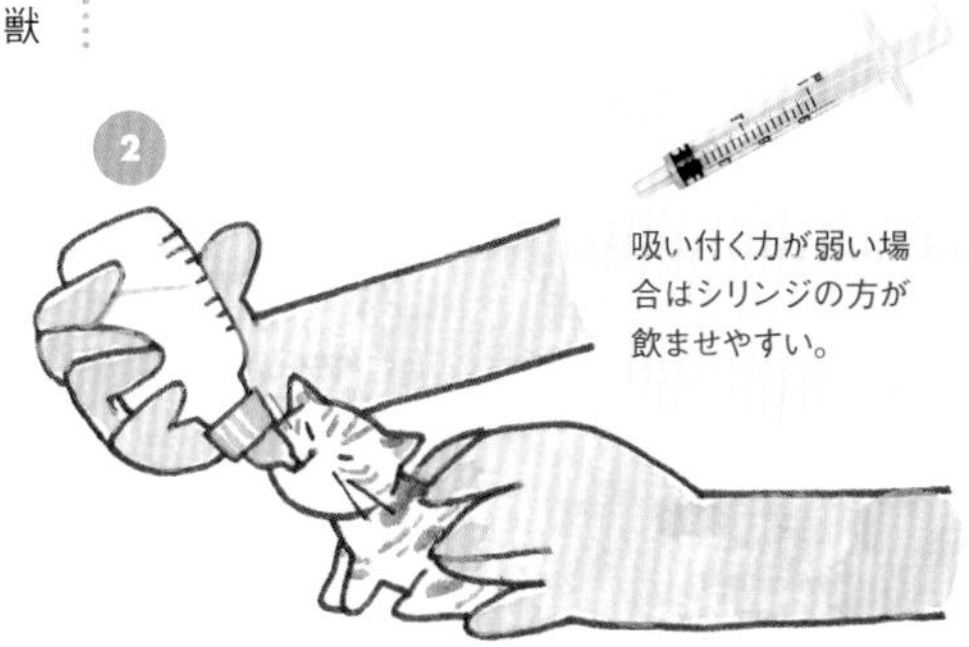

吸い付く力が弱い場合はシリンジの方が飲ませやすい。

子猫を腹ばいに固定し、母猫の乳首に吸い付くイメージで頭をやや上に傾けてゆっくり授乳する。

排泄の促し方

本来は母猫が子猫の肛門や陰部を舐めて排泄を促す。それをイメージして、ぬるま湯で濡らしたティッシュやコットンなどで肛門付近を優しく刺激する。赤ちゃん猫は1日に何度もオシッコをするため、膀胱がパンパンの状態ではミルクをたくさん飲めない。排泄は授乳の後よりも前に行うとよい。

1

とんとん

ぬるま湯で濡らしたティッシュなどで肛門周辺を軽くトントンと刺激する。

2

排泄物を拭き取る。オシッコはじんわり滲みる程度でOK。ウンチは1日1回程度で軟らかめだが、下痢もしくは3日以上出ない場合は病院へ相談を。

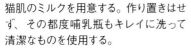

2〜3ヶ月未満の子猫のお世話

この頃になると、乳離れもしてトイレもひとりでできるようになる。社会性も身に付く大切な時期なので、さまざまな体験をさせよう。

1ヶ月を過ぎた頃から自力で排泄ができるようになるためトイレを用意します。食事も6週目までは猫用ミルクを与え、6週を過ぎたあたりから市販の離乳食か猫用ミルクに栄養価の高いウェットフードを混ぜたものを与えましょう。2ヶ月以降は子猫用フードに切り替え、急激に成長する3〜6ヶ月頃までは欲しがるだけあげてOK。この頃までにたっぷり愛情を注ぎ、色々な体験をさせておくと、社会性の身に付いた猫に育ちます。歯みがきやブラッシングなどにも慣らしておけば今後のお手入れも楽に。

フードの切り替え

生後6週〜2ヶ月
離乳食

徐々に市販の離乳食か猫用ミルクに栄養価の高いウェットフードを混ぜたものを与えはじめる。猫用粉ミルクをお団子状に丸めてあげてもOK。

2ヶ月〜6ヶ月
子猫用フード

2ヶ月を過ぎたら子猫用フードに。1日に少しずつ何度も食べるので6ヶ月頃までは欲しがるだけあげてOK。成長期の栄養要求量を満たしたフードを選ぶ。

➡ 社会性を身に付けさせよう

子猫用トイレ

子猫がまたいで入りやすいフチの浅いものを選ぶ。子猫時代はあっという間なので、食器用の水切りトレイや段ボール箱、発泡スチロールの箱にビニール袋を敷いて代用も可能。 ➡トレーニングの手順は **P62**

スキンシップ

この頃は猫の社会性を身に付ける重要な時期。母猫代わりに撫でたり抱っこして、たっぷりスキンシップをとるように。遊んで狩りの疑似体験をさせることも重要な学習。お手入れやキャリーにも慣れさせよう。

➡ うちの子オス？ メス？

猫の性別判断は２ヶ月未満は獣医師でも見分けが付きにくいが、２ヶ月を過ぎると生殖器で判断できるようになる。

メス

肛門と生殖器の距離がオスより近く、肛門のすぐ下に膣口がある。メスの尿道は膣の奥にある。

オス

肛門から少し離れて生殖器がある。生後２ヶ月頃から睾丸が膨らみはじめる。

譲り受ける場合は４ヶ月以降に

本来子猫は母猫の庇護下、母乳からたっぷりの栄養と免疫をもらって育つ。子猫が離乳する２～４ヶ月頃までは「社会化期」ともいわれ、母猫にさまざまな猫社会のルールを教わったり、きょうだい猫たちと遊んだりじゃれたりする中で力加減や狩りを学び、情緒も安定する最も重要な時期でもある。譲り受ける場合は、この社会化期を過ぎてから引き取るのが理想的。

知っとこ Column

外で暮らしていた猫を引き取りたい時

情報収集をしっかりと。保護したらまずは健康診断。

外で暮らす猫を引き取りたい場合、まず本当に飼い主や世話人がいない猫かを確認しましょう。一時的に飼い猫が散歩に出ているだけだったり、地域猫として住民に世話をされている可能性もあるからです。面倒を見ている人や状況を知っている人がいれば、事情を説明して情報収集を。猫とも周囲の人とも顔馴染みになれば保護がスムーズに行くだけでなく、それまで猫を可愛がってきた人の理解も得られ、あなたが知らなかった猫の生い立ちや病歴なども知ることができるためです。

無事保護したら、まずは家に連れ帰る前に病院で健康診断を受けさせること。外で暮らしてきた猫は健康そうに見えても感染症にかかっていたり寄生虫がいる可能性もあるからです。また、病院で診てもらえばフード選びや健康管理もしやすくなります。

厳しい外の環境で暮らしてきた猫は警戒心も人一倍強く、なかなか懐いてくれなかったり新しい環境に馴染みにくいかもしれません。でも、それも人知れぬ苦労を重ねてきたからこそ。ゆっくり時間をかけてたっぷり愛情を注ぎながら見守りましょう。

3

猫ってこんな生き物

猫の生態から鳴き声やしぐさで分かるキモチまで、身近だけど
意外と知らない奥深い猫学のススメ。

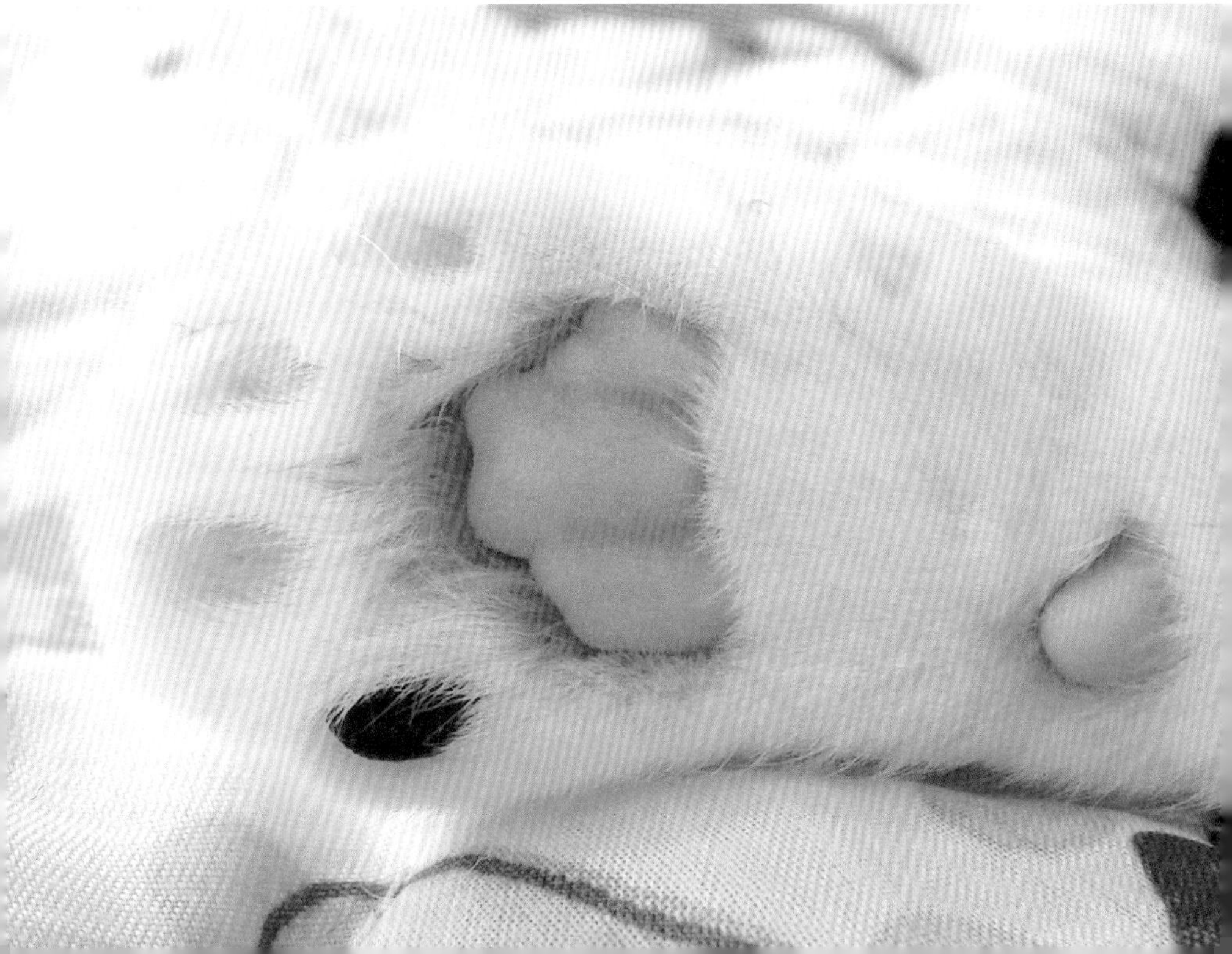

体のしくみと機能

一般的に私たちが「猫」と呼んでいるのは「イエネコ」のことで、4500年前にエジプトで穀物をネズミの害から守るために家畜化された「リビアヤマネコ」が直接の祖先。大陸から仏教の伝来とともに日本にやってきたといわれるが、体の機能は砂漠で暮らすハンター、リビアヤマネコの特徴を残している。

猫の五感の特徴

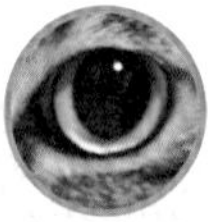

視覚

めまぐるしく変わることを「猫の目」に例えられるほど、瞳孔の大きさをクルクルと変えながら光を調節している。また、暗闇で猫の目が光るのは網膜の裏のタペタムという反射板があるため。このタペタムに反射させることで暗闇でも人間の5～6倍も明るく見えるとも。ただ、視力そのものは人間の10分の1程度で色の識別も苦手。赤は認識できないとされる。

嗅覚

猫の嗅細胞は人間の約2倍、人間の数万倍の鋭い嗅覚を持っているため、視覚より嗅覚で情報を得たり判断している。普段健康な鼻は湿っていて、温度変化まで感知しているとも。上顎の奥にあるヤコブソン器官にも嗅覚があり、フェロモン（生理活性物質）などのニオイを嗅ぎ分けているため、ニオイを感知して唇を引きあげる「フレーメン反応」（右上）が起こることも。

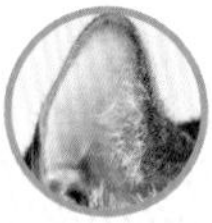

聴覚

人間の可聴範囲が20～2万ヘルツに比べ、猫は45～6万4000ヘルツといわれる（ちなみに犬は67～4万5000ヘルツ）。人間には聞こえない超音波もキャッチできる。耳の筋肉も発達しており20以上の筋肉を使って自在に耳を動かし、音がする方向を即座に察知することができる。遠くの獲物が立てるわずかな音や鳴き声を聞き逃さないために高度に発達したといえる。

触覚

ひげの根元には神経が集中していて、触れたものの情報を即座に感知できる。ちなみに、顔とあごの周りには、フェロモンを出す器官が多くある。フェロモンは猫の性行動や友好をつかさどる物質で猫の生活になくてはならないもの。猫のスリスリはこのフェロモンを自分のお気に入りになすりつける行動。臭いはしないので、人間が嗅ぐことはできない。

味覚

猫にも人間のように味を感じる味蕾《みらい》があるものの、あまり発達していないとされ、しょっぱさや酸っぱさは敏感に感じ取れても甘味はあまり感じないといわれている。ただ、甘味の中でも猫の必須栄養素・タンパク質の成分であるアミノ酸の甘さは感知できるそう。ちなみに、あんこなどを食べる甘党の猫もいるが、それは人が味に慣れさせてしまったためと考えられる。

各部位の特徴

目　抜群の動体視力と暗視能力

瞳の色は猫によって青・黄・緑とさまざま。夜行性で暗闇でも獲物がよく見える暗視能力と、動くものに俊敏に反応する優れた動体視力を持つ。

耳　聴覚は人間の3倍

人間の3倍ともいわれる聴覚。人間よりも2オクターブも高音域の音を聞き取る能力が備わっている。耳をすばやく動かして音の出所をキャッチする。

鼻　情報はニオイでキャッチ

猫の嗅覚は人間の数万倍。食欲はニオイで促されるため、鼻が詰まると食べ物を認識できなくなるので要注意。

口　獲物を捕らえる最強の武器

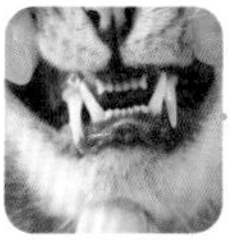

獲物に噛みつく犬歯と肉を切り裂く臼歯がある。舌には無数のザラザラした突起があり、これはリビアヤマネコの子孫ならでは。野生のツシマヤマネコなどにはない。

ひげ　頼りになるセンサー

口の左右、目の上、頬、顎、前足の後ろにも生えている。

足　優れたジャンプ力

自分の体長の5倍の高さまでジャンプできるといわれている。ジャンプ力と瞬発力に優れているのは後ろ足の筋力が特に発達している猫ならでは。

しっぽ　長さ・形はさまざま

中でもかぎしっぽは、東南アジアに由来する猫に遺伝することが分かっている。

毛　毛艶は健康のバロメーター

外側のアウターコートと内側の柔らかいアンダーコートの2種類の毛に覆われている（どちらか1種のみの猫種も）。体温を一定に保ったり、体を守るクッションの役割も。年間を通して抜け替わる。

爪　出し入れ自在の武器

木に登ったり獲物を押さえこむ時に刺して使う。薄い層が重なってできており、古くなると爪とぎにより上から順々にはがれていく。

肉球　忍び足ができるクッション

プニプニのクッションのお陰で獲物に気づかれずに忍び足で近寄れ、滑り止めの役割も果たす。また肉球には汗腺があるので緊張した時には汗をかく。

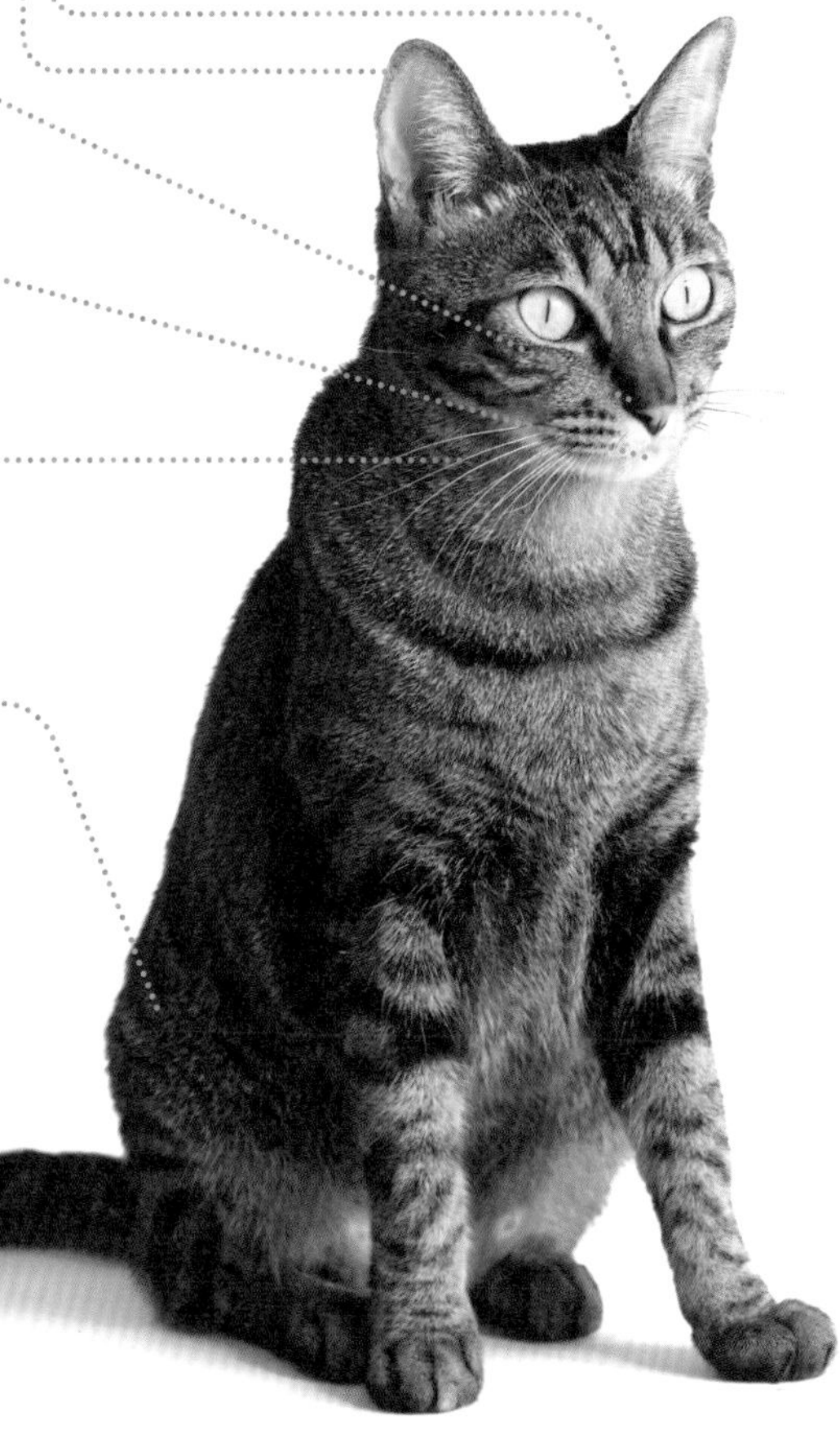

健康的な猫ってどんな猫？

健康的な猫とは一体どんな猫だろう？　まずは猫の体をくまなく観察してみよう。
猫にも理想体型がある。痩せすぎや肥満には要注意。

体をくまなくCheck！

- □ 耳の中が綺麗で耳アカが溜まっていない
- □ 歯肉が綺麗なピンク色
- □ 目ヤニや白い膜が出ていない
- □ 鼻が汚れておらず軽く湿っている
- □ 毛艶がよい
- □ 肛門周辺が汚れておらずキレイ
- □ 足取りがしっかりしていてしなやかに歩く
- □ お腹回りの肉が締まっている
- □ 筋肉が引き締まっている
- □ 抱くと見た目よりずっしり重い
- □ 活発で動くものへの反応がよい
- □ 目に生気がある

猫の理想体重

基準は1歳時の体重

成猫の標準体重は3.5～5.5kg。基準は成長期が終わる1歳時の体重を目安に15％までの増加は正常範囲とする（子猫の理想体重はP23）。成猫になってから保護した場合など、1歳時の体重が分からない場合は獣医師にその猫に合った理想体重を確認するとよい。

1歳時の体重	正常範囲（目安）
3.5kgの場合	約3.5～4kg
4kgの場合	約4～4.6kg
4.5kgの場合	約4.5～5.2kg
5kgの場合	約5～5.8kg
5.5kgの場合	約5.5～6.3kg

肥満度 Check

理想的

全体に程よく脂肪に覆われ、あばら部分を触るとなだらかな隆起を感じられる

痩せすぎ

脂肪がなくあばら骨が極端に浮いていて、腹部のへこみが顕著

痩せ気味

脂肪が薄くあばら骨に簡単に触れ、腰にもくびれがある

やや太り気味

あばら骨は脂肪に覆われ触りにくく、腰のくびれはほとんどない

太りすぎ

全体的にぶ厚く弾力のある脂肪に覆われ、あばら骨に触れない。くびれもない状態

肥満は万病のもと

猫は体重が6kgを超えると運動量が極端に減り、7kg超で動くこと自体を嫌うようになります。そうなると肥満に拍車がかかり毛繕いできなくなるだけでなく、心臓や内臓にも大きな負担がかかるので非常に危険。肥満猫は標準体重の猫よりも糖尿病になりやすいともいわれます。理想は1歳時の体重を維持することですが（右頁表）、成猫で引き取った場合など基準体重が分からない時は獣医師に相談し、適切な体重・食事量を知りましょう。すでに肥満体型の猫はダイエットが必要。カロリーの低いダイエットフードを利用して、食べる量を減らさずに運動量を増やすなど、無理のない方法で肥満を解消することが大切です。

猫って…

身近な存在ゆえに意外に知っているようで知らない、猫の生態。
あなたはいくつ知っていますか？　猫って実はこんな生き物なんです。

小さなハンター

猫はライオンやトラなど、大型のネコ科動物と同じく肉食動物。ネズミやウサギなどの小動物や、鳥や昆虫を食べます（ネズミなら1日に10匹程度食べるといわれています）。ペットフードが充実している昨今ではネズミなどを主食にする猫は少なくなりましたが、「体のしくみ・習性・遊び」など、あらゆる面で待ち伏せ型のハンターとしての優れた能力は未だ健在なのです。

よく寝ます

語源は「寝子」という説もあるぐらい、1日の大半を寝て過ごします。平均睡眠時間は16～18時間。それも、一度食べて十分な栄養補給ができたらあとは体力を温存した方が効率的という肉食動物ならでは。ただ、完全に熟睡しているのはわずか4時間程度であとはうたた寝（レム睡眠）状態。猫が夜から明け方にかけて急に興奮して走り回る時間帯はネズミの活動時間と重なるといわれています。

キレイ好き

猫はとてもキレイ好き。自分で毛繕いもできる上、トイレの後始末にも余念がありません。砂かけを念入りにした後は自分でお尻も舐めてキレイにするのは猫ならでは。身の回りを常に清潔に保つことを心がけているのは、猫が自分のニオイで獲物に気づかれないようにするためのハンターの心得です。トイレも掃除を怠るとしなくなってしまうこともあるので要注意。

好奇心旺盛？　臆病？

子猫は何にでも興味津々でまるで好奇心のかたまり。しかし、どんな猫もみんな好奇心旺盛でフレンドリーというわけではありません。成長につれ生きる上で欠かせない「警戒心」が芽生えると、この両者のバランスで性格が決まるからです。この割合は猫によって違うので、物怖じしないアイドル猫がいたり、飼い主以外に姿を見せない内弁慶がいたり、性格は猫の柄のように多様なのです。

ひとりだって平気

群れで集団行動する犬と違い猫は単独で狩りをするため、ボスも社会的順位も必要としません。いたってマイペース、日中ひとりで留守番するのも問題ありません。ただ単独行動ゆえにテリトリーをとても大事にします。普段から見回りを欠かさず、あちこちでせっせと爪とぎやスリスリ、オスは尿スプレーをするのはニオイを付けて自分の縄張りを主張するためなのです。これをマーキング行動といいます。

高い・暗い・狭いが大好き

すべて祖先から受け継いだハンターの名残り。かつては高い木の上から方々を見渡して獲物を探したり、砂漠の中にある岩や木の洞《うろ》などのわずかな隙間を寝床にしていたため。それゆえ、今でも家の中を見渡せる家具の上や暗くて狭い押入れなど、思いもよらない場所が猫にとっては落ち着ける安全地帯なのです。

猫のキモチ、分かるかな？

言語でコミュニケーションを取らない猫のキモチを
言葉で説明するのはとても難しいもの。
こればかりは、普段からじっくり猫と向き合って全身の動きをよく観察したり、
一緒に過ごす時間が増えていく中で互いの理解を深めていくことが
一番の近道。また、猫によっても鳴き方や行動が
微妙に違ったり、キモチの表し方も個性豊か。
ここでは分かりやすい代表的なものをご紹介。

➡ 全身で伝えたい

「ね〜遊ぼうよ〜」

瞳をらんらんと輝かせて飼い主を見つめ、お腹を見せてゴロゴロクネクネ。これは猫好きの間で「ごろにゃん」ポーズともいわれ、猫が心を開いて安心しきっている証拠。遊びを催促したりかまってほしい時の合図。

「こ、怖いよ〜」

耳を伏せ腹ばいになって姿勢を低くし、瞳孔が開いて黒目が大きくなっている時。これは相手に恐怖を感じ、体を小さく見せて自分から攻撃するつもりがないという意思表示。恐怖と防御のポーズ。

「怒ってるんだぞ！これ以上来たらやってやる！」

鼻にしわを寄せ低いうなり声とともに全身の毛を逆立てて、時折「シャーッ」という声を出す時。これは猫が怒ったり威嚇する場合に見られる。全身を最大限大きく見せて相手を威嚇すると同時に恐怖心も感じているポーズ。

➡ 鳴き声も多種多様

ニャ
あ、ども
ニャ〜(ン)
○○して or
ごはんちょうだい
シャーッ!
あっち行け！
アオ〜ン
アオ〜ン
不安だよ〜
←だみ声は発情期に出す場合も
ウゥ〜
怒ってるんだぞ
(喉を)ゴロゴロゴロゴロ…
ゴキゲンなの
←心を落ち着かせる時に出す場合も
カカカカッ
あ〜
捕まえたいッ

しっぽもモノ言う

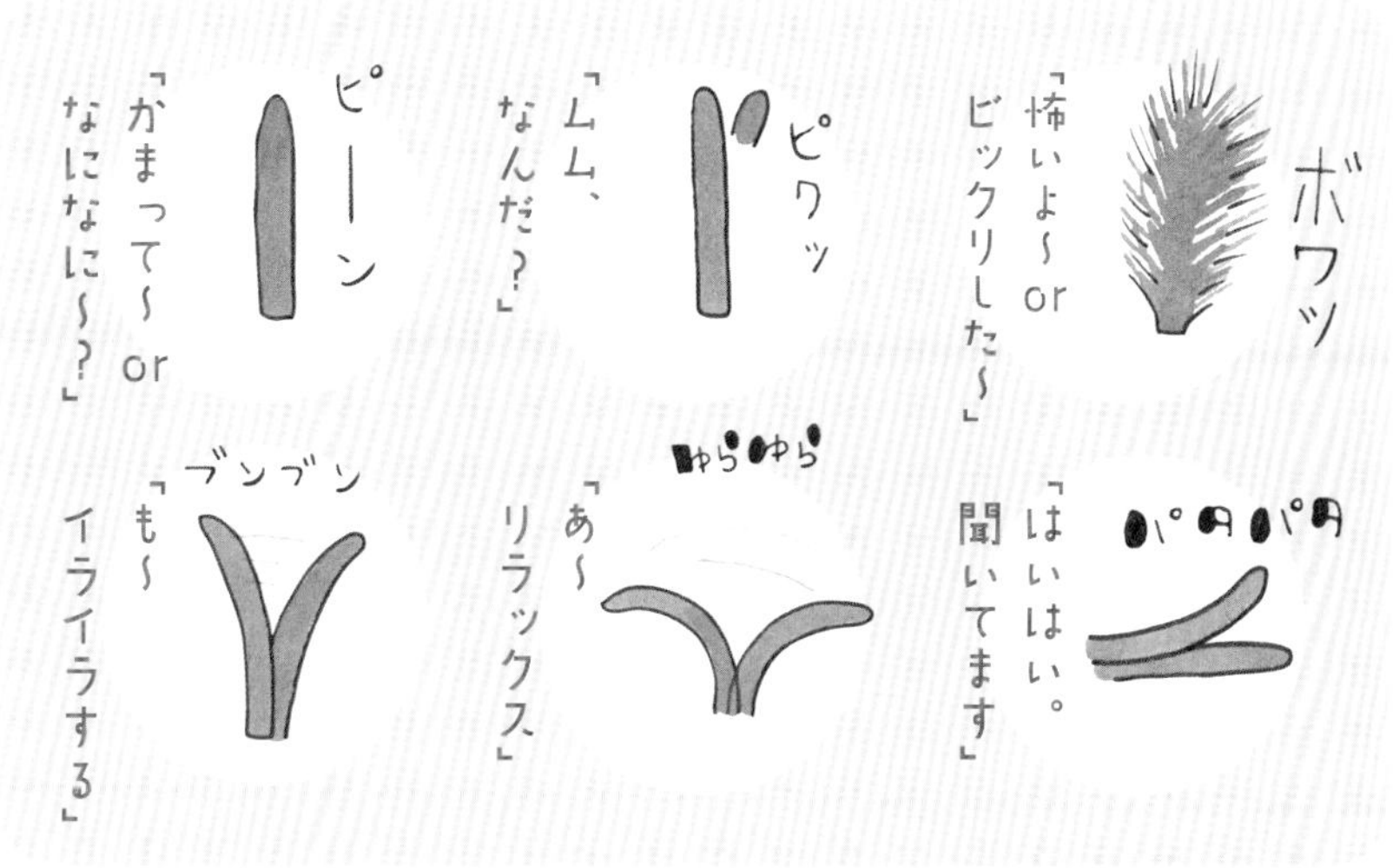
ボワッ
「怖いよ〜or ビックリした〜」
ピクッ
「ムム、なんだ？」
ピーン
「かまって〜or なになに〜？」
パタパタ
「はいはい。聞いてます」
ゆらゆら
「あ〜リラックス」
ブンブン
「も〜イライラする」

しぐさも意思表示

スリスリ

これはテリトリーを主張するニオイ付け（マーキング行動）のひとつ。飼い主にする時は「この人は自分のもの！」と主張して甘えたい時。

クンクン

嗅覚が発達していてニオイから多くの情報を得る猫は、何でも嗅がずにはいられない。猫同士ではあいさつ代わり。外から帰宅した飼い主、届いた荷物なども常にチェック。

猫パンチ

猫同士のケンカでも見られるが、初めて見たものや得体の知れないものにパンチする時は、恐怖もしくは好奇心の表れ。怖いもの見たさで反応を窺っている。

モミモミ

毛布や飼い主のお腹など、軟らかいものをモミモミする（下）のは子猫時代に母猫のおっぱいを飲んでいた頃の名残り。中には乳首を吸うように毛布の端を噛んだり吸いながらモミモミする猫も。

猫の成長と一生

生まれてから天寿を全うするまで、猫の成長過程と一生を知っておこう。
猫と我々人間の時間は違うということも改めて認識しておきたい。

➡ 猫の成長カレンダー

年齢 ●体の特徴 ➡お世話

授乳期～離乳期

（子猫の成長とお世話はP21～）

誕生
- ●授乳・排泄以外は寝て過ごす。
- ➡母猫がいない、育児放棄した場合は授乳・排泄の世話。

1～3週目
- ●目が開き、耳が立つ。
- ➡定期的に体重測定をして発育チェック。
- ●3週目頃から自力で排泄できるようになる。
- ➡子猫用トイレの準備。

6～7週目
- ●よく動くようになる。
- ➡離乳食スタート。

幼猫期

2ヶ月
- ●体重1kg前後。
- ➡子猫用フードに切り替え。ワクチン接種。おもちゃを用意する。

3ヶ月
- ●体重1～1.5kg。
- ➡お手入れに慣れさせる。2回目のワクチン接種。

6ヶ月
- ●体重2～3kg。母猫から独立。犬歯が生えかわる。メスは発情が始まる。
- ➡避妊・去勢手術の検討。

7～8ヶ月
- ●オスもこの頃までには性成熟、スプレー行動が始まる。
- ➡行動範囲も広がるので思わぬ事故に注意。

成猫期

1歳
- ●体重3.5～5.5kg。成長が止まり、体がほぼ完成。
- ➡体重チェック。成猫用キャットフードに切り替え。

2～4歳
- ●若々しく活発な青年期。2歳頃から歯石が付いてくる。
- ➡毎年の体重チェック・健康診断・ワクチン接種を。

5～7歳
- ●中年期に入り、落ち着いてくる。脂肪が付きやすくなるのもこの時期。
- ➡毎年の体重チェック・健康診断・ワクチン接種を。血液検査・尿検査もするとよい。太りすぎに注意。

老猫期

8～9歳
- ●老化が始まる。活動量が減り、寝ている時間が増える。
- ➡毎年の体重チェック・健康診断・ワクチン接種。シニア用フードへ切り替え。

10歳～
- ●老年期。体重が減少し体が衰えてくる。癌・腎不全の発生率が上がる。
- ➡尿量・飲水量をこまめにチェック。歯周病にも注意。

猫と人間の年齢換算表

猫の10歳は人間でいう53歳、20歳は93歳！

猫	1	2	3	4	5	6	7	8	9	10	11	12	13	14	15	16	17	18	19	20	21	歳
人間	16	21	25	29	33	37	41	45	49	53	57	61	65	69	73	77	81	85	89	93	97	歳

コーネル大学「フィーラインヘルスセンター」より

➡ 季節ごとに気を付けたいこと

春

3月 春の換毛期。
こまめなブラッシングを心がけよう。
朝晩の寒暖差にも気を付けて。

4月 不妊手術を考えている場合は
発情期の前に行うのが理想。

5月 ノミ・ダニの繁殖に要注意。
留守の間に室内が思いがけず
暑くなることもあるので注意。

夏

6月 梅雨はカビ・食中毒に注意。
食器も清潔に。

7月 ノミ・フィラリアに注意。
ノミを見つけたら
すぐに病院で駆除しよう。
猫が涼める場所作りを。

8月 熱中症に注意。
特に留守中の
温度管理には気を付けて。

秋

9月 秋の換毛期。
朝晩の寒暖差も体調不良の
原因に。

10月 ひきつづき室内の寒暖差に注意。
体重管理に気を付けて。

11月 寒くなってくるので、
ベッドを暖かくするなど
室内の冬支度を。

冬

12月 しっかりした寒さ対策を。
ポインセチア・シクラメンなどは
猫が中毒を起こすので要注意。

1月 暖房器具の使用による室内の乾燥
に要注意。加湿器を併用するなど
温度・湿度チェックをこまめに。

2月 ひきつづき寒さと乾燥による
水分不足に注意。
猫の飲水対策を心がけて。
オシッコのチェックも忘れずに。

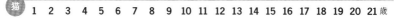

知っとこ Column

ノミ

冬も油断禁物！早めの駆除を

春や夏になると、猫が異常に体をかゆがったりすることはありませんか？ブラッシングの際に黒い小さな粒（ノミのフン）が取れ、濡らすと粒から赤黒い色が染みだす場合は、ノミが寄生していると考えられます。

ノミは体長約2mmの寄生虫で卵から生まれて幼虫に、そして脱皮を繰り返して成虫になり、猫の血を吸います。卵は春は数日、夏場は2日で孵化し、寄生したメスのノミは毎日平均30個ほどの卵を産みつづけます。平均寿命は約2週間といわれていますが、確実に猫に寄生しないとわずか数時間しか生きられません。

ただし、暖房がきいた室内などは暖かいため、冬でも孵化して繁殖が進みます。内外自由に行き来する飼い猫で他の猫との接触が考えられる場合や、外で暮らしていた猫を保護する際には寄生の可能性があるため、動物病院で専用の滴下薬を処方してもらい、早めに駆除しましょう。

4

食生活

毎日のことだからこそ気をつけてあげたい食。必要な栄養素から
手作りレシピまで猫が喜ぶごはんってどんなもの?

こんなごはんなら猫も嬉しい

猫が喜ぶごはんって一体どんなもの？　肉も野菜も食べる雑食の私たちと違って、猫には肉食動物ならではの必要な栄養素や食べ方の特徴がある。

主食は総合栄養食を

猫の健康上、最も重要なのは食。猫と人間では必要な栄養素もその割合も違います。米など炭水化物が主食の人間に比べ、肉が主食の猫は人間の何倍ものタンパク質を必要とし、体内で作ることのできないタウリンなどを必要量含んだフードを与える必要があります。他に水だけをあげれば必要な栄養素を満たせるとされる「総合栄養食」（中でもプレミアムフード）の記載があるものを選びましょう。

また、良質なフードも鮮度が落ちて劣化したものでは意味がありません。定期的に取り替え、その都度清潔な食器に替えることも忘れずに。猫の年齢と健康状態に見合ったフードを適切量与えましょう。

猫に必要な栄養素

タンパク質

筋肉や血液、被毛などを作る重要な栄養素で体を動かすエネルギー源になる。体内で十分量合成できないアミノ酸のアルギニンとタウリンは必須。中でもタウリンが不足すると視覚や心臓機能に異常をきたす場合も。

脂肪

体を活動させるエネルギー源。免疫機能を高めたりビタミン吸収を助ける働きも。リノール酸、アラキドン酸の必須脂肪酸が含まれる動物性脂肪がベスト。

炭水化物

糖質はエネルギー源、繊維質は整腸作用に有効。重要な栄養素だが、本来、あくまでネズミなどの捕食動物が食べて腸管内に残っていた半消化物から摂取していたため必要量はそんなに多くない。

ビタミン

体の生理機能に欠かせない栄養素。猫の場合ビタミンA、ナイアシンはフードから摂取しなければならない。ビタミンCはグルコースから体内で合成できるため、フードに十分なグルコースが含まれていればOK。

ミネラル

骨や歯に必要な栄養素で、体液のバランスを保つ働きも。そのほか、赤血球を作る鉄分、エネルギー代謝を促進するマグネシウムなど、バランスよく摂取するのが重要となる。

水

体の60～80%を占める最も大切な栄養素。基本的にはフードで補えない分を飲んで補う。学術的には体重1kgあたりの1日の摂取量は約60mlといわれるが、実際はこれほど飲まない猫も多い。

理想はネズミ10匹分の栄養素

野生では1日にネズミ10匹を食べるといわれている猫。肉にはタンパク質や脂肪が豊富に含まれ、骨にはカルシウム、内臓にはネズミが食べていた炭水化物や繊維が含まれています。猫はネズミを丸ごと食べることでバランスよく栄養を摂っていたのです。

また、この食生活は食べ方にも顕著に表れています。猫は1日に、少量ずつを何度も食べます。これは猫の胃がネズミ1匹を食べると満杯になるため、胃が空になるとまたネズミを獲って……の繰り返しだったからです。

主なフードの種類

市販されているキャットフードには、大きく分けて
ドライタイプとウェットタイプがある。主な違いは含まれる水分量。
どちらも総合栄養食であれば栄養面での問題はないが、
保存期間の違いや猫の嗜好もあるので、
それぞれの性質と品質を見極めた上で上手に使い分けよう。

ドライタイプ

含まれる水分量が 10% 以下。開封後も腐敗しにくいため、留守の間なども一定期間なら出したままにできる。ただ、水分量が少ないので必ず飲み水を添えて猫がいつでも飲めるようにしておくこと。

ウェットタイプ

含まれる水分量が 75 ～ 80% でフードから水分を摂取しやすい。傷みやすいので食べきれる量をその都度与えるようにする。水分量も多く嗜好性が高いため、食欲が落ちている時などにも使いやすい。

➡ パッケージのチェックポイント

1. 目的

フードの種類が明記。主食には「総合栄養食」と記載されているものを選ぼう。

2. 年齢

愛猫の年齢や成長ステージに見合っているか確認。

3. 賞味期限

なるべく新鮮なものを。酸化防止剤などで期限を異常に長くしているものには要注意。

4. 機能

「毛玉ケア」「歯石対策」「避妊・去勢手術をした猫」用など、健康管理に役立つ機能付きのものも。

5. 内容量

ドライの場合は1ヶ月以内、ウェットは1日で使い切れる量のものを選ぶ。

6. 原材料表示

10% 以上使用されている原材料を使用量順に記載。肉や魚類の動物性タンパク質が一番に明記されているものを選ぼう。

7. 与え方

1日の適正量など、それぞれのフードに見合った与え方が明記されているか。

プレミアムフードの判断基準

- 良質な動物性タンパク質を十分に含むこと
- 他に水だけを与えればよい「総合栄養食」であること
- 「AAFCO（全米飼料検査官協会）」などのガイドラインをクリアしていること　など

療法食は病院に相談を

フードの中には特定の病気に対して病院で処方される「療法食」がある。現在ではネット通販などでも気軽に手に入るようになっているが、療法食は獣医師の指導が必要なものもあり、素人判断で勝手に切り替えるのは猫の健康を損なう可能性もあるので要注意。使用を検討している場合は、必ずかかりつけ医に相談しよう。

食器はどんなものがいい?

さまざまなペット用食器が出回っているが、猫が食べやすいものを選ぼう。

- ひげが当たらない口の広さで深すぎないもの
- 食べている時に動かない安定感のあるもの
- 雑菌が繁殖しにくい材質
（ステンレス・ガラス・陶器）のもの など

多頭飼いの場合は食器は頭数分用意する。プラスチックは雑菌が繁殖しやすいため避け、ガラスや陶器は割れにくい分厚いものがよい。

水分補給も大事!

祖先が砂漠の生き物だった猫は、少ない水分量で生きていける能力が備わっていて獲物からほとんどの量をまかなっていたと考えられます。それゆえ、「猫はあまり水を飲まない」、そんなイメージを持つ人も多いのでは？

しかし、猫にとっても水は体を構成する最も大切な栄養素。オス猫の場合特に気を付けたい尿結晶症の予防のためにも日頃から猫が水を飲みやすい環境作りを心がけましょう。

1日に必要とされる水分量

猫の体重（kg）× **60**（mℓ）＝ **必要な水分量**（mℓ）

※ただし、実際にはこれほど摂っていない猫も多いので、健康時の標準量を量っておくとよい。

＼ 例えば… ／

- フードの隣に必ず水を置く
- あちこちに水場を作る

＼ 他にも… ／

- 好奇心旺盛な猫には水の波紋が見えやすいガラスの器にする
- 流水が好きな猫には自動給水器も効果的
- 夏場は氷を1つ入れてみる、冬場はぬるま湯を入れてみる

など、工夫してみよう

硬水はあげないこと

ミネラル分を多く含む硬水は尿結晶の原因になりかねないので要注意。普段は水道水で十分だが、断水時など緊急の場合には軟水を選ぶこと。

フードを切り替えたい時はゆっくり時間をかけて

子猫の時からさまざまなフードに慣らしておいた場合でも、一度に変わってしまうと食べなくなってしまうことも。

切り替える時は1週間を目安に、元のフードに新しいものを少しずつ（1～2割ずつ）混ぜ、徐々に割合を増やしていきましょう。それでも食べない場合もあるので、切り替えたいフードはお試しサイズで様子を見るのが得策。

➡ 猫の嗜好品

猫にも嗜好品があり、よく知られているのはマタタビやキャットニップ（ハーブの1種）、猫草など。ただ、興味を示す猫とそうでない猫がいる。そのほか、ひもや段ボール、ウールなどの噛み心地やニオイが好きな猫もいるが、誤食してしまわないよう注意が必要。

マタタビ

粉末・枝・実などがあり、好きな猫は興奮してよだれを垂らしたりゴロゴロ転がって喜ぶ。加工品ではなく、天然のものを選ぶようにするとよい。

猫草

ホームセンターやフラワーショップなどでも手に入るが農薬が使用されていないものを。家で育てる場合は種や栽培キットもある。

おやついろいろ

総合栄養食で十分な栄養素が摂れるため、
「一般食」や「副食」と記載された
おやつは本来必要ない。与えるなら、たまのご褒美や
コミュニケーションツールとして、
また一時的な食欲不振や
フードの食いつきがよくない時のトッピングとしてなど、
カロリーオーバーしない程度ならOK。

一般食のフード

魚のフレークや牛・鶏などのほぐし肉を使用した缶詰やパウチタイプのものなど。

鰹節

ドライフードのトッピングとして。花鰹ではなく、本枯れ節がよい。

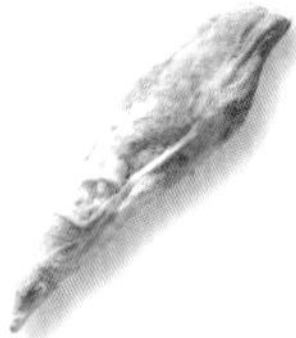

鶏肉

生のササミや胸肉を茹でるのがベスト。

スープ

ドライフードにかけて嗜好性を高めたり、ふやかして食べやすくしたい時などに。

魚肉

火を通した白身魚が特にオススメ。

小魚

イワシやキビナゴなどの煮干し。添加物の少ない良質なものを選ぶようにする。

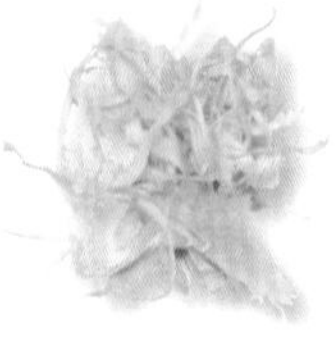

干しかまなど

魚や鶏肉などをすり潰したものにタウリンを加えたもの。

スナック

小分けにしたドライやセミドライタイプで「デンタルケア」「毛玉ケア」「関節ケア」などの目的別も。

与えてはいけないもの・与えすぎに注意すべきもの

家の中に身近にある食材でも猫が口にしてしまうと健康を害する危険があるものもある。また常食するとアレルギーの原因になる場合もあるので慎重に。中でもネギ類やチョコレート、生の豚肉には注意が必要。

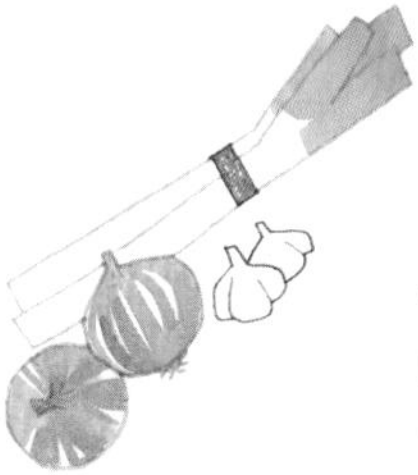

ネギ類

長ネギ・玉ネギ・ニンニクなど。赤血球を壊す成分を含むので貧血に。下痢・嘔吐・血尿、最悪は死に至ることもある。

牛乳

猫は牛乳を消化する酵素が少ないため、消化不良や下痢を起こす。必ず猫用ミルクを。

チョコレート

カカオに含まれるテオブロミンが中毒を引き起こし、死に至ることも。ココアも同様。

海苔

ミネラル分が高いので摂りすぎてしまうと過剰なミネラル摂取に陥る可能性も。

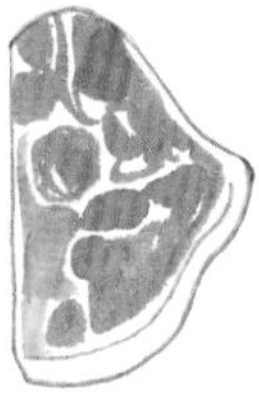

生の豚肉

トキソプラズマという寄生虫に感染する危険があるので必ず加熱する。

ドッグフード

犬と猫ではフードで摂取すべき栄養素が違うため、栄養不足に陥る。

人の食べ物・飲み物はあげない

可愛い愛猫のおねだりにほだされて、つい人間の食事をおすそ分けしてしまいがちだが、人の食べ物には香辛料や塩分・糖分など、猫には過剰なものが多いため、あげるのはNG。ソーセージやかにかまなどの練り物も猫が好んでもあげないこと。ハンバーグやスープなどは玉ねぎを含んでいることに気づかないこともあるので要注意。アルコールはもちろん、コーヒー・紅茶・お茶もカフェイン中毒を引き起こすのであげてはならない。

植物にも要注意！

切り花や鉢植えには殺虫剤などの残留農薬のほか、植物が持つ毒性で中毒を起こすものも。室内に飾る際には注意が必要。

ユリ科

ユリ科（ヒヤシンス・アロエ・チューリップ・スズランなど）は要注意。呼吸困難、全身まひ、死に至ることも。球根も危険。

ポトスやアイビーなどの観葉植物

葉に毒を含んでいる場合が多く、猫がかじってしまうと危険。アイビーは葉・茎・種すべて危険。

アジサイ

青酸中毒を起こす。

ジャスミン

散瞳《さんどう》（明るい場所でも瞳孔が開く現象）の危険。ベラドンナも同様。

ベゴニア

口内に刺激、よだれ、粘膜浮腫など。

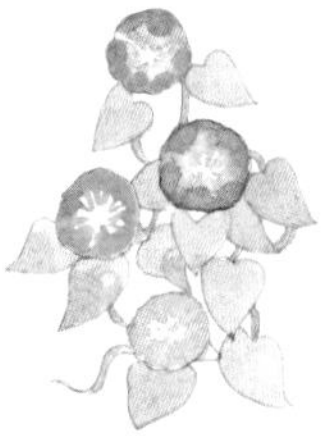

アサガオ

幻覚の恐れ。

月桂樹

腹痛、嘔吐、下痢、よだれなど。アゼリアも同様。

ポインセチア

葉や茎を食べると口内に激痛が生じ皮膚もかぶれる。

＼ 他にも… ／

シクラメン／ホオズキ／キキョウ／ツツジ／ショウブ／スイセン／ジンチョウゲ／マーガレット／アンズ／ウメ　など

特別な日に

手作り猫ごはん

誕生日や初めて出会った記念日など、特別な日に「いつもありがとう」――そんな気持ちを込めてスペシャルなひと皿を作ってみては？　手作り猫ごはんに興味はあっても、難しそうでつい敬遠していた人も多いかもしれませんが、実は味付けなしでとても簡単。タブーな食材など注意点はあるものの、複雑なテクニックは必要ありません。

紹介するのは、同じ材料で下ごしらえまでは一緒の、猫と飼い主の仲良しごはん。キャットフードにひと手間加えた、気軽な猫ごはんのレシピも。どれも猫の体に嬉しいメニューです。

監修・渡辺知昭

ヘルシーなごほうび猫ごはん

牛肉と茹で野菜のタルタル

カルニチンや必須ビタミンたっぷり
元気をサポート！

POINT

アルファルファやパセリ、バジルは、猫にも穏やかな効果のあるハーブ。香りに好みがあるので、嫌いではない場合はほんの少しだけ使ってみて。

材料

ステーキ用牛肉 … 80g
ニンジン … 輪切り3cm分
ジャガイモ … 中心部分3cm角
サヤエンドウ … 3つ
無塩バター … 10g

作り方

1 

ニンジン、ジャガイモ、サヤエンドウを1cm角に切り、ステーキの真ん中をクッキー型でハートに抜く。

2 

野菜を柔らかく茹で、フォークで軽くつぶす。※茹でる際、塩を入れないこと。

3 

無塩バターを溶かしたフライパンでハートの肉を軽く焼いて細かく切り、2と混ぜて程よく冷めたら盛り付ける。

飼い主用

ハート射抜かれステーキ

ハート型に穴のあいた牛肉を塩コショウしてバターで焼いて、茹で野菜を付け合わせ。焼き加減や味付けはお好みで。猫が上前はねたハート型の穴がポイント！

※材料はすべて、1匹分です。
※あくまで普段は総合栄養食で栄養コントロールを受けている猫に、たまに作るレシピです。毎食手作りを希望する場合は、必ずかかりつけの獣医師に相談してアドバイスを受けてください。

鶏おかゆしゃぶしゃぶ

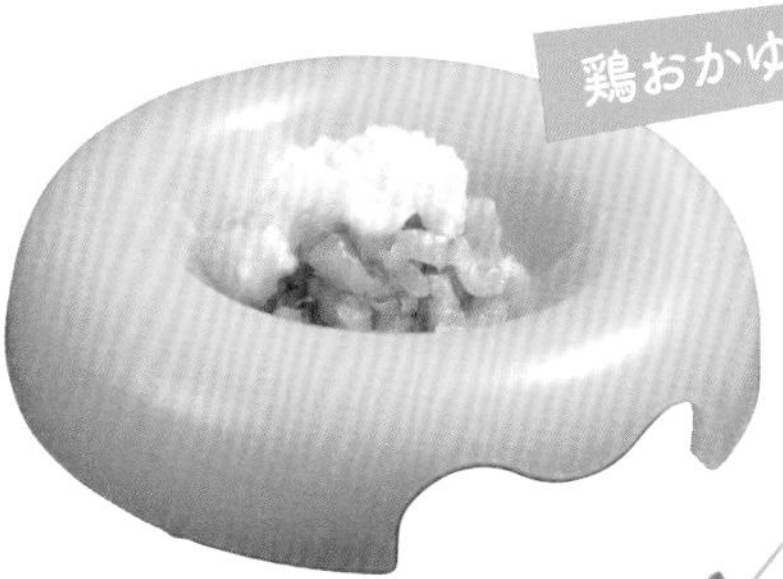

低カロリーで高タンパク
必須アミノ酸のバランスも Good!

● 材料

鶏手羽先 … スープのみ使用
鶏ササミ … 1本
炊いた白米 … 大さじ1杯

● 作り方

1 鶏手羽先でスープを取り、スープカップ1杯に炊いた白米を入れておかゆにする。※スープを取る際に塩を入れないこと。

2 鶏ササミを猫口大に切って、熱々のおかゆをかけてササミを半熟にする。

3 程よく冷めたら盛り付ける。

POINT

ササミは刺身で食べられるものを使うように。刺身用ではない場合は、おかゆと一緒に煮て完全に火を通すこと。

飼い主用

手羽先の柔らか焼き、クレソンのスープ

スープを取った後の手羽先を香味野菜と醤油に漬けてから、ゴマ油で焼く。スープにクレソンと香味野菜を入れて煮込み、塩コショウ、紹興酒で味を調える。

白身魚のポワレ ラタトゥイユソース

タウリンいっぱい お目々キラキラ&
循環器系を丈夫に！

● 材料

タイの切り身 … 80g
ラタトゥイユソース
… 大さじ2杯（ズッキーニ、ナス、インゲン、ニンジン、トマト缶1缶、オリーブ油大さじ1杯）

● 作り方

1 野菜を全て1cm角に切り、オリーブ油でじっくり炒める。※ナス科の野菜は特によく火を通すこと。

2 トマトをつぶしながら入れて煮込み、ラタトゥイユソースを作る。※塩やハーブ、スパイスは入れないこと。

3 白身魚の切り身をオリーブ油で焼いてほぐし、2のラタトゥイユソースと混ぜて盛り付ける。

POINT

このメニューは、タイ以外のどんな魚でも作れる。サーモンやタラは塩がしてある場合があるので、猫用は水で塩出ししてから使うと安心。

飼い主用

白身魚のポワレ 和風ラタトゥイユソース

猫用を取り分けた残りのラタトゥイユソースに、みじん切りにしたニンニク、塩コショウ、醤油を入れて少し煮込みソースを作る。塩コショウした白身魚を焼いて、ソースをかける。

家族と分けあって仲良しごはん

飼い主用のメニューから、材料を少し取り分けた猫ごはん。

お刺身と野菜のマリネ

● 材料

刺身 … 2切れ
ブロッコリー、カブ、ニンジン … 各20g

● 作り方

1 野菜を5mm角に切って、柔らかく茹でる。

2 刺身を猫口大に切り、熱々の茹で野菜をつぶしながら混ぜて刺身を半熟にする。

ローストビーフの野菜リゾット添え

● 材料

ローストビーフの中心部分 … 4枚
※外側には味が付いているので飼い主用サラダのトッピングなどに使用すること。
ダイコンとニンジンのすりおろし … 大さじ1杯
炊いた白米 … 大さじ1杯
植物油 … 適宜

● 作り方

1 炊いた白米をカップ1杯の水、すりおろし野菜でおかゆにする。

2 おかゆができたら植物油を少しかけて混ぜ、火を止める。

3 ローストビーフを猫口大に切って熱々のおかゆと混ぜ、程よく冷めたら器に盛り付ける。

カッテージチーズの猫おやつ

● 材料

カッテージチーズ
　… 大さじ1杯
桜エビ、青海苔 … 1つまみ

● 作り方

1 カッテージチーズを水切りして砕いた桜エビや青海苔を混ぜ、好みの型で抜く。

POINT

粘土のように手で形を作ってもかわいいおやつができあがる。チーズはヒト用に、ジャムを混ぜてパンに塗ったり、ワサビと塩コショウでお酒のオツマミにも。

猫ごはんに味つけなし！

　塩も砂糖も使わないのが基本ルール。バターや料理酒のように原材料に塩が含まれたものにも注意！　無塩のものを使いましょう。また、飼い主用ごはんと一緒に下ごしらえするなら、途中で猫の分を取り分けてから味付けします。スパイスや香味野菜も塩と同じ扱いです。

いつものごはんにプラス

作るのも食べるのも気軽な、ちょこっと手作り猫ごはん

いつものカリカリに ササミスープ

● 材料

ドライフード … 普段よりやや少なめ
鶏ササミ … 1/3 本

● 作り方

1 カップ半分の水に粗みじんに切ったササミを入れ、沸騰したら弱火で 5 分ほど茹でる。

2 茹でたササミを取り出し、細かくほぐしてドライフードに載せる。

3 程よく冷ましたササミスープをかける。

大好きな缶詰に お刺身トッピング

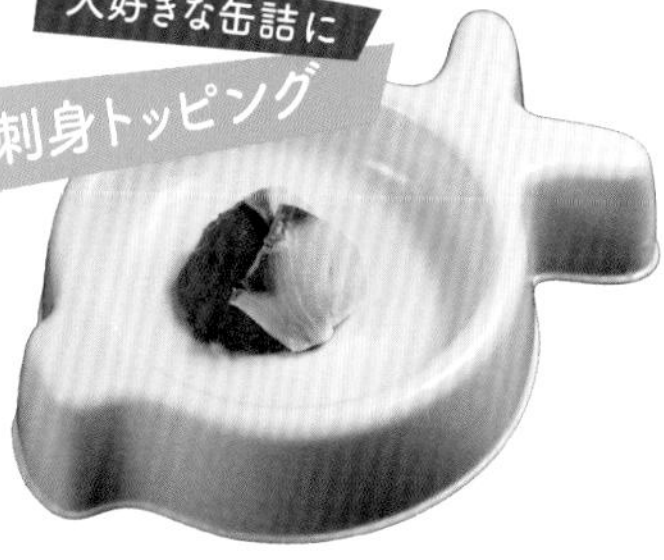

● 材料

大好きな缶詰 … スモール缶 1/2
刺身 … 2 切れ

● 作り方

1 刺身をさっとお湯に通してからほぐして、缶詰にトッピングする。

ジャパントラディショナル 猫まんま

● 材料

ドライフード … 普段よりやや少なめ
炊いた白米 … 大さじ 1 杯
鰹節 … 1 つまみ

● 作り方

1 炊いた白米はお湯をかけてパラパラにしてからドライフードに混ぜ、器に盛って鰹節をトッピングする。

最初は「ほんの少し」がコツ

最初は猫の好きなものだけを組み合わせて、ほんの少しあげてみるのがコツ。味や食感、一口の大きさ、汁気のあるなし、猫の好みはそれぞれ違うので「うちのコはどんなものが好きかな?」と観察してみるのも大事です。もし食べっぷりがイマイチだったら、野菜や穀類を少なめにしてトライすると完食率が上がるかも。

知っとこ Column

「猫はよく吐く」は誤解?!

「吐く」には何らかの原因が。素人判断は禁物。

猫と暮らしていると、気づかない間に嘔吐していることがあります。また、「猫はよく吐くから……」と猫好き仲間から聞いて、気に留めないでいると思いがけない病気にかかっていることもあるのです。

グルーミングで舐め取って胃に入った毛の塊を吐く、いわゆる「毛玉を吐く」といわれる現象も、本来なら消化管を移動してウンチと一緒に出るのが正常で、「吐く」という行為には何らかの原因があるということを知っておきましょう。

ただ「吐く」と一口に言っても、食べた直後にスルッと吐く「吐出」と、悪心を伴う「嘔吐」があり、嘔吐にも、アレルギー反応や内臓疾患が隠れている場合など、その原因はさまざまです。まずは素人判断せず、嘔吐物や嘔吐の状況をきちんと把握してかかりつけの病院で診察を受けましょう。

観察のポイント

嘔吐物	● 吐いた物（未消化のフード、毛玉、胃液など） ● 食べたもの（フードの銘柄など） ● 毒物の接触の可能性（化学物質や毒性のある植物など） ● 異物の接触の可能性（糸、針、おもちゃ、猫草など）
嘔吐の様子	● 前後の猫の様子（体調や食欲の有無） ● 吐き方 ● 頻度（回数） ● 時間帯

5

トイレ

猫の健康を維持するのに、食生活と同じぐらい大切なのが
排泄。猫の居心地いいトイレ空間を作りましょう。

こんなトイレなら猫も嬉しい

猫が喜ぶトイレって一体どんなもの？　トイレ環境には並々ならぬこだわりを持つ猫だからこそ、気を付けてあげたいポイントがある。

ふた付きの場合

高さも重要

ドームタイプのようにふたが付いたトイレの場合、猫が用を足す際、中腰になって頭が当たらないぐらいの十分な高さも必要。入口も猫が出入りしやすい大きさで、開閉タイプの場合は開閉のしやすさもポイントに。

場所

目につきやすい部屋の隅など

玄関や往来の激しい廊下、騒がしい場所は猫も落ち着かないので避ける。掃除しやすく排泄異常なども見つけやすくするため、飼い主の目が行き届く場所で、猫が安心できる部屋の隅などがよい。

個数

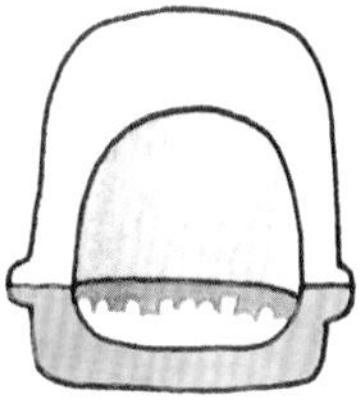

頭数＋1個

理想は頭数にプラス1個。数に余裕があれば、留守などですぐにトイレの掃除ができない場合も、予備として使える。トレイにも猫の好みがあるので、気に入らないと足が遠のいてしまう原因に。好みが分かるまでは違うタイプも用意しておくとさらに安心。

掃除

最低朝・晩の2回

猫は自分の排泄物のニオイがいつまでも残るのを嫌うので、トイレはこまめにチェックして、できれば排泄後すぐに掃除するのがよい。最低でも朝晩に2回は掃除し、常に清潔に保てるよう心がけること。

トイレ環境はしっかりと

キレイ好きでトイレへのこだわりも強い猫。気に入らなかったり落ち着いてできない場合には、我慢したり別の場所で粗相してしまうこともあるため、トイレ環境はしっかり整えてあげましょう。

猫はトイレ内で体勢を何度か変えることがあるので、体が収まり中で向きを変えても窮屈でないサイズのものを選ぶこと。またいで入れ、中で砂を掘り返しても溢れない適度な深さも重要です。中には縁に手をかけて用を足す猫もいるので、ある程度厚みと安定感もあった方がいいでしょう。往来の激しい場所ではなく、静かで落ち着ける場所に設置し、常にキレイに保つよう心がけましょう。

トイレトレイいろいろ

トレイは、スタンダードな箱タイプ、カバーが付いたハーフカバーやドームタイプなど多種多様。猫の好みに応じて選べるように、いくつかのタイプを用意するとよい。いずれにせよ、猫砂がたっぷり入る深さがあり、洗いやすく常に清潔に保てるものを。

箱タイプ

もっともポピュラーな形。足を縁にかけて用を足す猫にはこのタイプが使いやすい。目隠しがないので排泄のチェックがしやすく掃除もしやすい反面、丸見えなので置く場所を選ぶことと、砂の飛び散りやニオイ対策が必要。

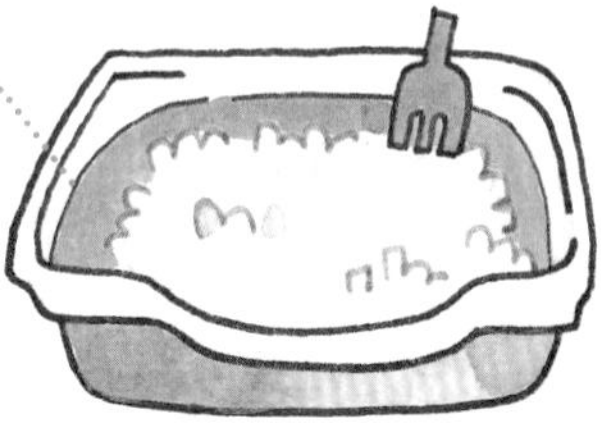

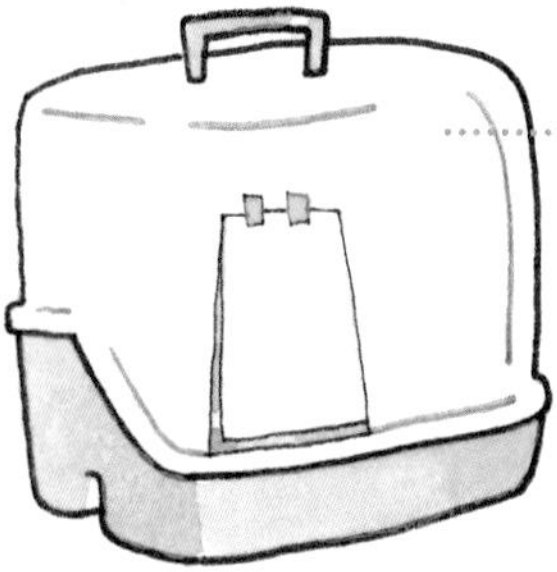

カバータイプ

屋根があるドームタイプやハーフカバータイプがあり、ドームタイプには、扉のないものと、猫が入ると完全個室になる扉付きの開閉タイプなどもある。砂が飛び散りにくくニオイが漏れにくい反面、排泄の確認がしにくい点も。

＼ 他にも… ／

場所を取らないおまる型や１週間に１度専用シートを交換するシステムタイプ、ウンチまで自動で処理してくれる全自動トイレなどもある。

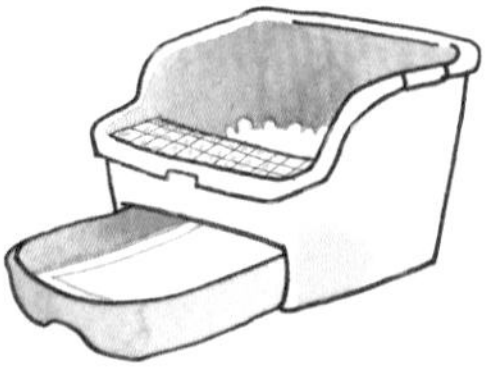

月に１度は天日干ししよう

室内飼いで猫のトイレ臭は悩みの種。２週間に１度は砂を交換し、月に１度はトレイを天日干しするとよい。砂を取り除き、丸洗いしたトレイを天日干しすれば除菌できて、染みついたニオイを軽減させる効果も。

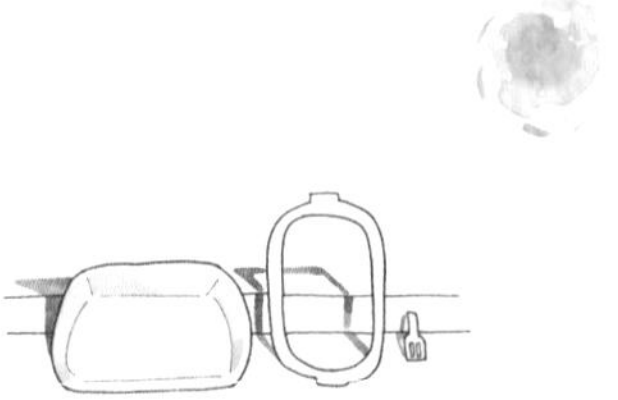

➡ 砂もいろいろ

種類によってニオイや感触、掃除のしやすさなど利便性も違うため、飼い主の間でも好みが分かれるが、「深く掘って自分のニオイを隠したい」という猫の本能を最も満たすのは、重量感があって自然の砂に近い感触が得られる鉱物系。

鉱物系

ベントナイトを主原料にし、脱臭力・吸収力に優れている。砂に近い感触で猫が好みやすい。即座に固まりやすく、猫砂の中で最も衛生的といえる。不燃ごみとして捨てるものが多い。難点は重量があるので持ち運びや廃棄の際に不便なこと。

紙系

固まりやすく、オシッコで色が変わるものもあるのでチェックしやすい。可燃ごみとして捨てられ、トイレに流せるものが多い。軽いので購入・廃棄の際に持ち運びやすい反面、飛び散りやすい。雑菌の繁殖を防ぐためには頻繁に取り替えが必要。

木材系

ヒノキなど針葉樹が主原料でウッディな香りが特徴。脱臭性に優れ、固まるタイプと固まらないタイプがある。可燃ごみとして捨てられ、トイレに流せるものが多い。中には、有機物でありながら消臭性・抗菌性・固まりやすさに優れたものも市販されている。

おから系

おからを主原料にしたもの。可燃ごみとして捨てられ、トイレに流せるものが多い。おから独特の香りがある。天然素材で安心な反面、こちらも雑菌が繁殖しやすいので、使用後はすぐに捨てる。猫が口にしてしまう場合は使用を控える。

なぜ砂をかけるの？

排泄後の砂かけ行動は、砂漠で暮らしていた祖先を持つ猫ならでは。敵や獲物に自分の存在を気づかれないようにするため、深く穴を掘って用を足し排泄物の上から砂をかけて「自分のニオイを消したい」という本能が備わっている。排泄物を埋めない時は、マーキングが目的の場合も。

トイレトレーニング

猫にトイレの場所を知らせるのは比較的簡単。
砂を入れたトイレに猫を連れていき、一旦その場所で
用を足したら、あとは同じ場所でしてくれる。
万が一トイレを我慢したり、粗相が続く場合は何らかの原因があるので
慎重にチェックしよう。

クンクン そわそわ

猫があちこちのニオイを
嗅いでそわそわしはじめ
たらトイレのサイン

トイレに連れていく

トイレに連れていって
砂の上に置く

粗相 or 使いたがらない場合は…

粗相したりトイレを使いたがらない場合には、 叱っても逆効果。何かしらの原因が考えられるのでそれを見極めること。病気の可能性が疑われる場合には、すぐに病院へ。

- トレイ／砂／設置場所が気に入らない
- トイレの個数が不十分
- 掃除が不十分
- （相性が悪い）他の猫のニオイが付いている
- 何らかの病気の可能性（➡**P64**）　など

POINT

距離をおいて見守る

凝視されると猫も嫌がるので、砂をかけトイレから出るまでは距離をおいて見守る

排泄

砂のニオイを嗅いだり掘るようなしぐさの後に排泄する

砂かけ

排泄物のニオイを嗅いだら砂かけをする

片づける

猫がトイレから出るのを確認したら排泄物を処理する

トイレは健康のバロメーター

便の状態やトイレ前後の行動には、猫の健康を知る上で非常に大切な情報が詰まっている。猫がトイレに向かったら観察することを忘れずに。

どんなオシッコ／ウンチが理想？

排泄物は個体差もあるので、普段の量や回数、便の状態やニオイを知っておくことが第一。猫がトイレを済ませたら便がいつもと変わりないかチェックしよう。何らかの異変が見られる場合は、膀胱炎や腎臓、消化器系の病気のサインである可能性も。

➡ 健康的なオシッコとは？

成猫は一度に40～50mℓのオシッコを1日2～3回するのが一般的といわれるが、量を量るのは至難の業。普段から1日あたりの猫砂の塊（状態）と数を把握しておくと比較しやすい。

こんなオシッコは要注意！

- いつもと違うイヤなニオイがする
- いつもより塊が大きく／小さくなった
- 同じ砂なのに固まり方が悪くなった
- 小さな塊が目立つようになった
- キラキラした結晶が見られる
- ひどい時には血が混じる　など

➡ 健康的なウンチとは？

毎日、ポロポロしていない4～5㎝程度の便が出るのが正常。色は大体こげ茶色、お箸でつまめる程度の柔らかさで猫砂が全体にまんべんなく付着するぐらいの湿り気を帯びているのが理想。

こんなウンチは要注意！

- いつもと違うイヤなニオイがする
- 色が黄色っぽいなど普段と違う
- 乾燥してコロコロしている
- 下痢
- 血が混じる　など

トイレ前後の行動もCheck

猫の健康状態はトイレ前後の行動にも表れる。猫がトイレに向かったらさりげなく様子を見守り、常に異常がないか観察することが大事。オシッコの場合、48時間以上出ない状態が続くと異常。尿毒症を起こして死に至るケースも。特に尿道閉鎖を起こしたオス猫の場合は深刻なのでおかしいと感じたらすぐ病院へ。

- □ トイレに行くが排泄しない
- □ トイレに行く回数が多い／少ない
- □ トイレの時間が長い
- □ 排泄中に苦しそうに鳴く
- □ 排泄後に嘔吐する　など

お尻を頻繁に舐める／お尻を床に擦る場合は…

肛門腺が詰まっている可能性も

猫には肛門の両サイドに「肛門腺（囊《のう》）」と呼ばれる臭腺があり（犬にもある）、悪臭を放つ分泌物が入っていて興奮した時や排泄時などに定期的に排出される。しかし老齢になり、それがうまく排出されずに溜まってしまうと、猫は不快に感じて頻繁に舐めたりお尻を擦るように。猫から悪臭を感じたりこれらの行動が見られたら、早めに病院で診てもらうこと（詰まっていれば肛門腺を絞ってもらう）。排出されず化膿すると肛門囊炎（P119）を起こしたり、ひどい場合は破裂してしまう危険も。

オシッコの採取法

猫は腎臓の病気にかかりやすいこともあり、年齢とともに病院で検尿する機会も。ウンチは容易に採取できるが、オシッコの採取はなかなか難しいので工夫が必要。目安量は大さじ１杯分。

お玉やレンゲで採る

猫が排尿しだしたら、さりげなくお玉（レンゲ）を当てて採尿。猫の体に当たると嫌がるので注意。

＼ 他にも… ／

ラップ or ビニール か トレー で採る

トイレ砂の上にラップやビニールを敷いて採尿したり、箸箱状の細長い箱やトレーなどを使って採尿する方法も。

採尿キットで採る

棒の先端に付いたスポンジに尿を直接吸い込ませる採尿キットや、採尿しやすい形状の使い捨てトレーなどを使う方法も。動物病院やネットでも手に入れることができる。

※システムトイレを使用した採尿方法は、採取前にチップや本体の滅菌が必要なため、あまりおすすめできません。

6

住まい

室内飼いの猫の場合、
一生をそこで送ることになる大切な空間。猫の本能を存分に
満たせる環境作りが猫の幸福度を左右します。

こんな住まいなら猫も嬉しい

猫が喜ぶ家ってどんなもの？　室内飼いでも、工夫次第で猫の習性に合った本能を満たす空間を作ることができる。そのポイントは？

十分な日当たり

快適な室温

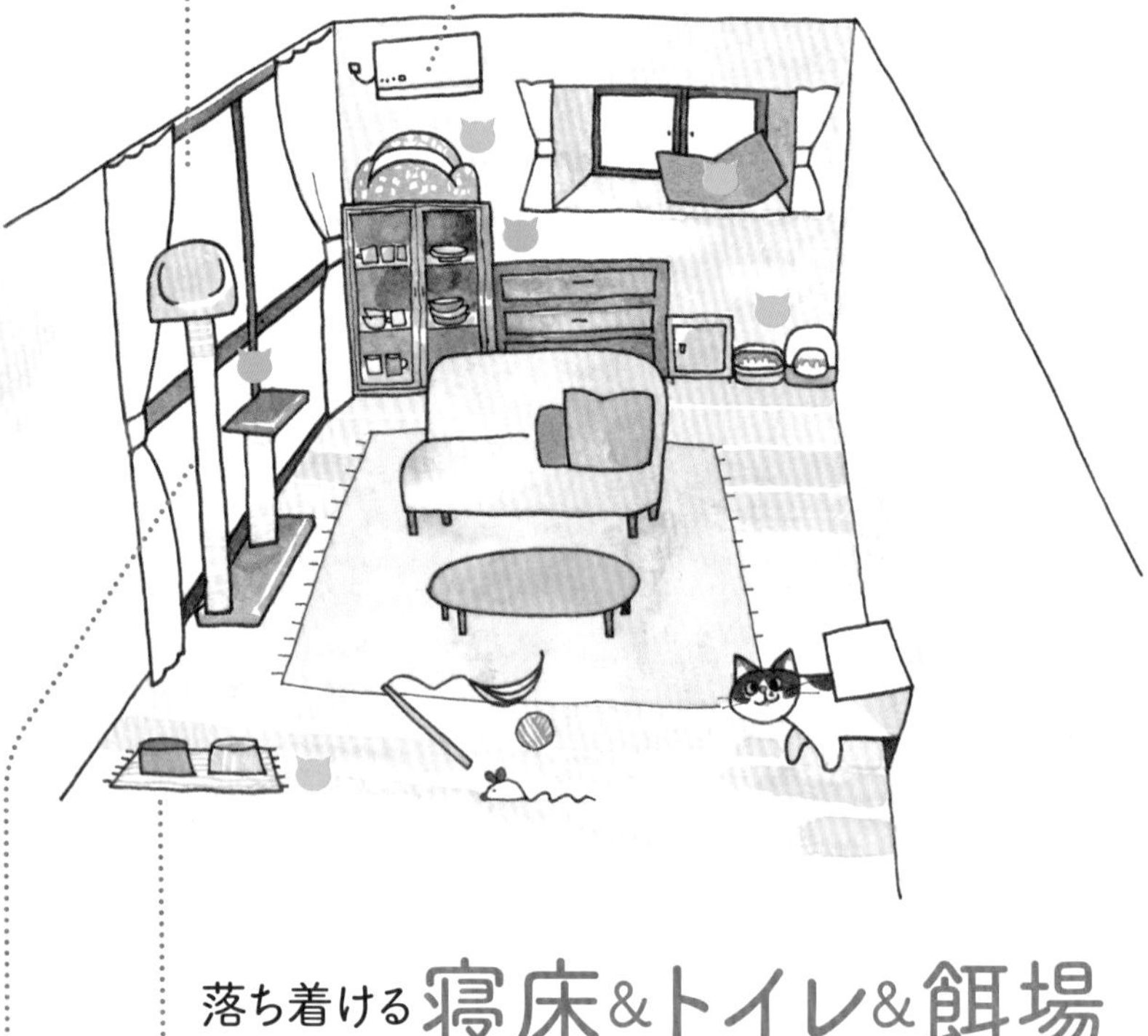

落ち着ける寝床&トイレ&餌場

マークの箇所

運動できる高低差

マークの箇所

＼アイディアいっぱい！／

Iさんのお宅の場合

1. キャットステップ ／収納棚とキャットステップ（猫用階段）を兼用。小さな穴も好奇心旺盛な猫にはたまらない。 2. キャットタワー／一気に駆け上がってストレス発散できるキャットタワー。3. 梁／猫の専用通路にもなっている梁。高い所が好きな猫には格好の遊び場に。4. ベッド／窓際の壁に据え付けられた専用ベッドはステップにもなっている。5. ウッドデッキ／脱走防止の柵付きウッドデッキなら、外の空気も思う存分堪能できる。6. 猫穴／猫だけが行き来できる通路があれば、閉じ込めの心配もない。7. トイレ／流しの下なら、掃除も行き届きやすい。8. 餌場／少しずつ何度も食べる猫には嬉しい、いつでも食べられる餌場と水場。

理想は猫の本能を満たす空間

猫は主に上下運動でストレスを発散させます。狭い空間でもキャットタワーや家具の配置を工夫して高低差をつければ、立派なジャングルジムに早変わり。また、外を見ながら日向ぼっこするのも猫は大好き。窓のそばにキャットタワーを置くなどして外を見られるようにすれば刺激に。出窓などがあればそこにベッドを置くといいでしょう。ベッドは高い場所や隠れ家になるようなスポットが最適です。トイレや餌場は動線を妨げず落ち着ける部屋の隅や壁際に。多頭飼いの場合はテリトリーを干渉し合わないよう、ベッド・トイレ・食器を頭数分用意しましょう。

季節の工夫

室内とはいえ、暑すぎたり冷えすぎたりするのは猫にとってもストレス。
四季ある日本で快適に暮らすためには季節に応じた環境作りを。

夏は27℃以下、冬は21℃以上に保つのが理想

猫も人間同様、寒暖差はストレスになる。特に夏と冬は十分な温度管理が大切。エアコンや季節のグッズなどを上手に利用して暑さ／寒さ対策をしよう。

夏は27℃以下に保つのが理想的。室温が30℃を超える場合は熱中症で命を落とすこともあり、窓を閉め切っての外出は危険。冬は21℃以上が理想。ただ、気密性の高い部屋やマンションでは猫が暖を取れるように猫用こたつを設置する、ホットマットやペット用あんかをベッドに入れるなどの工夫でも対策がとれる。夏冬共通しているのは、猫は自分で心地よい場所を探すので、エアコンがききすぎた部屋に閉じ込めるのではなく、快適な場所を選べるよう家の中にいくつかスポットを作るのがよい。

1 27℃以下
2 エアコンの風が当たらない場所にタワーやベッド
3 ドアを少し開けておく
4 クールマット　など

1 21℃以上
2 暖かい場所にトイレ
3 加湿器
4 日の当たる場所にベッド
5 ホットマットや猫用こたつ
6 ドアを少し開けておく
など

＼ 夏のお役立ちグッズ ／

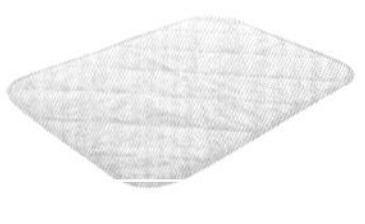

ひんやりクールマット など

触れるとひんやりと冷たく感じる繊維を使ったクールマット。そのほか、熱伝導性が高いアルミニウム製や保冷剤入りのものなども。

＼ 冬のお役立ちグッズ ／

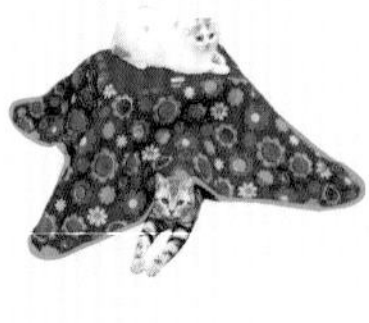

猫用こたつ など

人間用より低めの30℃前後をキープできるので、猫が程よい温かさで暖を取れる。

➡ ベッドいろいろ

猫がくつろげる場所にベッドを置いておくとさらに安心。家の中に猫の「自分だけの場所」が何ヶ所かあるとよい。あなたの猫のお気に入りを見つけよう。

ドームタイプ

クッションタイプ

筒タイプ

＼ 他にも… ／

ちぐらやハンモックタイプなども。

手作りハウス

空き箱に毛布などを敷いたベッドが猫のお気に入りになることも。手作りハウスなら気軽にカスタマイズでき、汚れたら取り替えもできて一石二鳥？！

ようこそ！
お茶でもいかが？

➡ 爪とぎいろいろ

爪とぎは古い爪をはがすのと同時にマーキングの役割も果たすので、猫に欠かすことのできない日課。家具や壁をボロボロにされないようにするためにも猫が気に入る爪とぎを各所に設置しておくとよい。

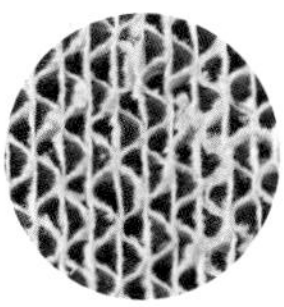
段ボール製

麻製

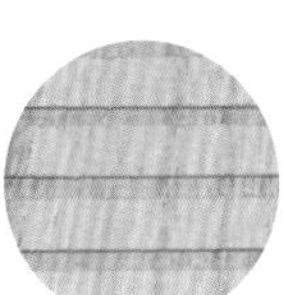
木製

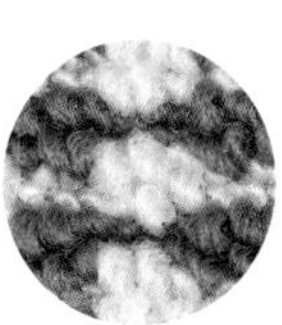
カーペット製

＼ 他にも… ／

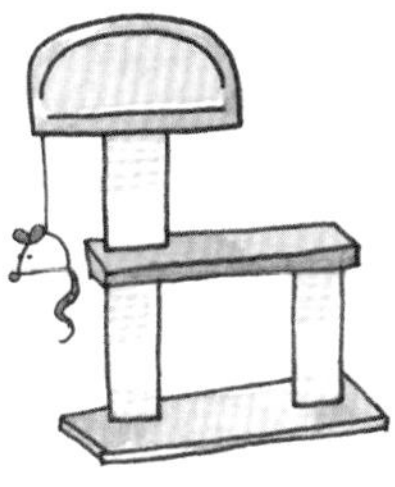
タワー一体型やおもちゃが付いたポールタイプ、トレイ型など多種多様。

留守番させるには…

十分な備えがあれば、猫に留守番させるのは比較的簡単。
安全対策に加え、フードやトイレなど多めに準備して出かけよう。

安全対策と
十分な食料を
用意

ストレスを
かけない
工夫を

➡ これだけは気を付けよう

十分な食料＆水場を用意

電動式の自動給餌器や自動給水器もあると便利だが、留守中万が一の停電に備え、電気を使わず重量で一定量出てくる給餌・給水器もあるとさらに安心。特に水場は多めに設置しておくこと。ウェットフードは傷みやすいので置き餌しない。

トイレは数を増やしておく

トイレもいつもより多めに設置しておくこと。最低でもプラス１個は増やしておく。自動で掃除してくれるトイレもある。

快適な室温をキープ

特に、夏と冬は留守中に急激に温度が上がる／下がることがないように、エアコンを点けておくなどの温度管理をしっかりしておくこと。

万全の準備があれば問題なし

本来単独行動の猫は留守番もお手のもの。準備さえしっかりしていれば、1泊までなら猫だけで留守番させても問題ないでしょう。2泊以上になる場合は、猫に慣れている家族や信頼できる知人、ペットシッターに頼んで1日に1回様子を見に来てもらうなどしましょう。ペットホテルや動物病院に預ける手もありますが、猫は環境の変化を嫌う生き物なので、家の方がストレスがかかりません。ただし、猫に持病がある場合や体調に不安がある時は病院に預けた方が万が一の時にも安心です。

☑ 出かける前にCheck！

- □ 猫の体調は万全か（不安な場合は病院に預ける）
- □ フードと水は十分に用意したか
- □ トイレの個数は十分か（汚れていないか）
- □ 室温は適温か
- □ 使わないコンセントは抜いたか
- □ いたずらされそうなものが出ていないか
- □ キッチン周り・風呂場の安全確認

長期の場合

人に頼む際には食事量やトイレの掃除法、緊急連絡先や動物病院などの情報を引き継いでおく。事前に来てもらい、猫とも顔合わせしておくと性格や普段の様子が伝わりやすい。

- 家族や知人に来てもらう
- ペットシッターに来てもらう
- 家族や知人宅に預ける
- ペットホテルに預ける
- 動物病院に預ける

知っとこ Column

迷子になったら？

慌てず、数日以内ならまずは周辺をくまなく捜索する

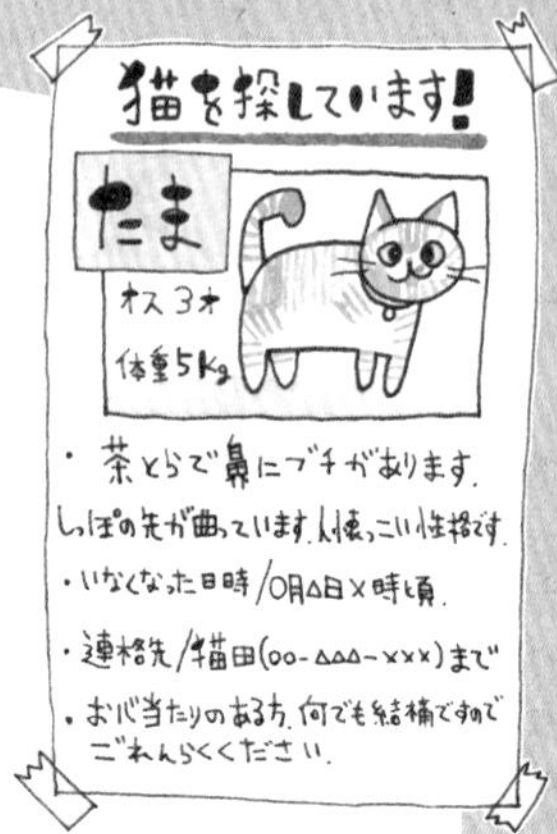

うっかり猫が脱走してしまい、迷子になってしまったら？　まずはキャリーケースと好物のおやつなどを持って、近所をくまなく探しましょう。日中だけでなく、猫の活動が活発になる夕方や明け方にも捜索するといいでしょう。初めて屋外に出た猫の場合は怯えて隠れているか、数日以内であればあまり遠くまで行っていない可能性が高いからです。そして、運良く見つけられたら、まずあなた自身が慌てず落ち着いて行動すること。飼い主の興奮した様子に猫がさらに怯えて保護できなくなることもあります。

それでも見つからない場合は、同時に最寄りの動物愛護センターや動物病院、警察、保護猫団体、場合によってはペット探偵にも問い合わせを。その上で、人目に触れやすい近所のお店などにも「猫の写真・外見の特徴・名前・年齢・いなくなった日時・連絡先」を明記したポスターを貼らせてもらったり、インターネットの掲示板や、リアルタイムで反応が得られるSNSなどで呼びかけるのも有効な策です。

そして、思いがけない脱走を防ぐためにも、日頃から窓やベランダ、玄関を不用意に開けない、柵やネットを張るなどの対策はもちろんのこと、手がかりとなる迷子札やマイクロチップ（P15）、GPS機能が付いた「AirTag」などのGPSトラッカーを装着することも検討し、万が一に備えましょう。

7

スキンシップ

猫との仲を深める上で大事なのは、普段のコミュニケーション。
適度なスキンシップは
猫のストレスケアや健康維持にも有効です。

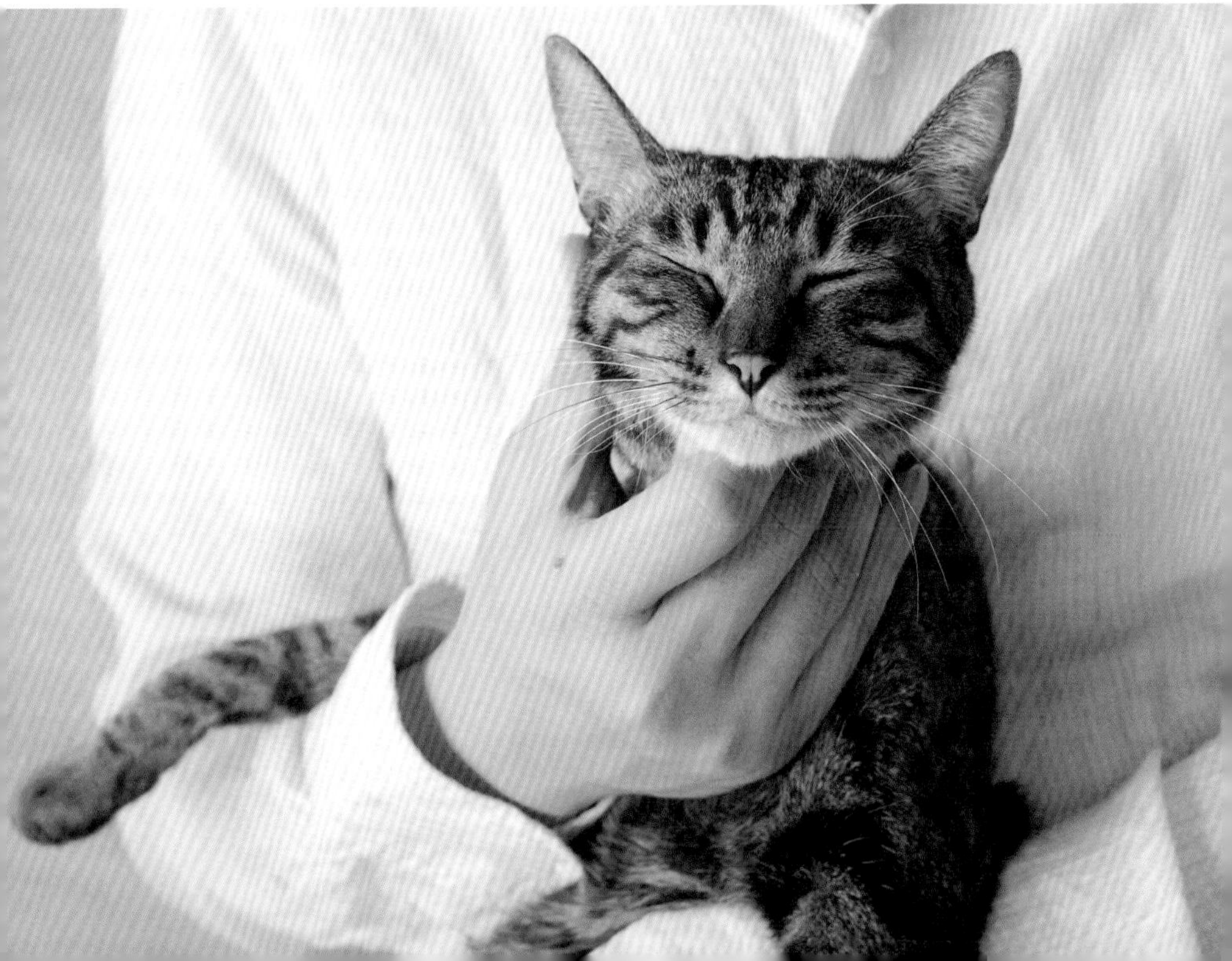

こんなスキンシップなら猫も嬉しい

「撫でる・抱っこ・遊ぶ」などのスキンシップは猫との大事なコミュニケーション。ポイントを押さえ、タイミングを見極めながら仲を深めよう。

撫でる

猫がスリスリしてきた時や鳴きながら見つめてくる時は「かまって」のサイン。自分で舐めにくいあごの下や首回り、それに腰は多くの猫が好きだが、敏感な足先やしっぽは要注意。嫌がる素ぶりを見せたらすぐに止めること。

猫が好きなポイント

- あごの下
- 首回り
- 顔や額
- 腰　など

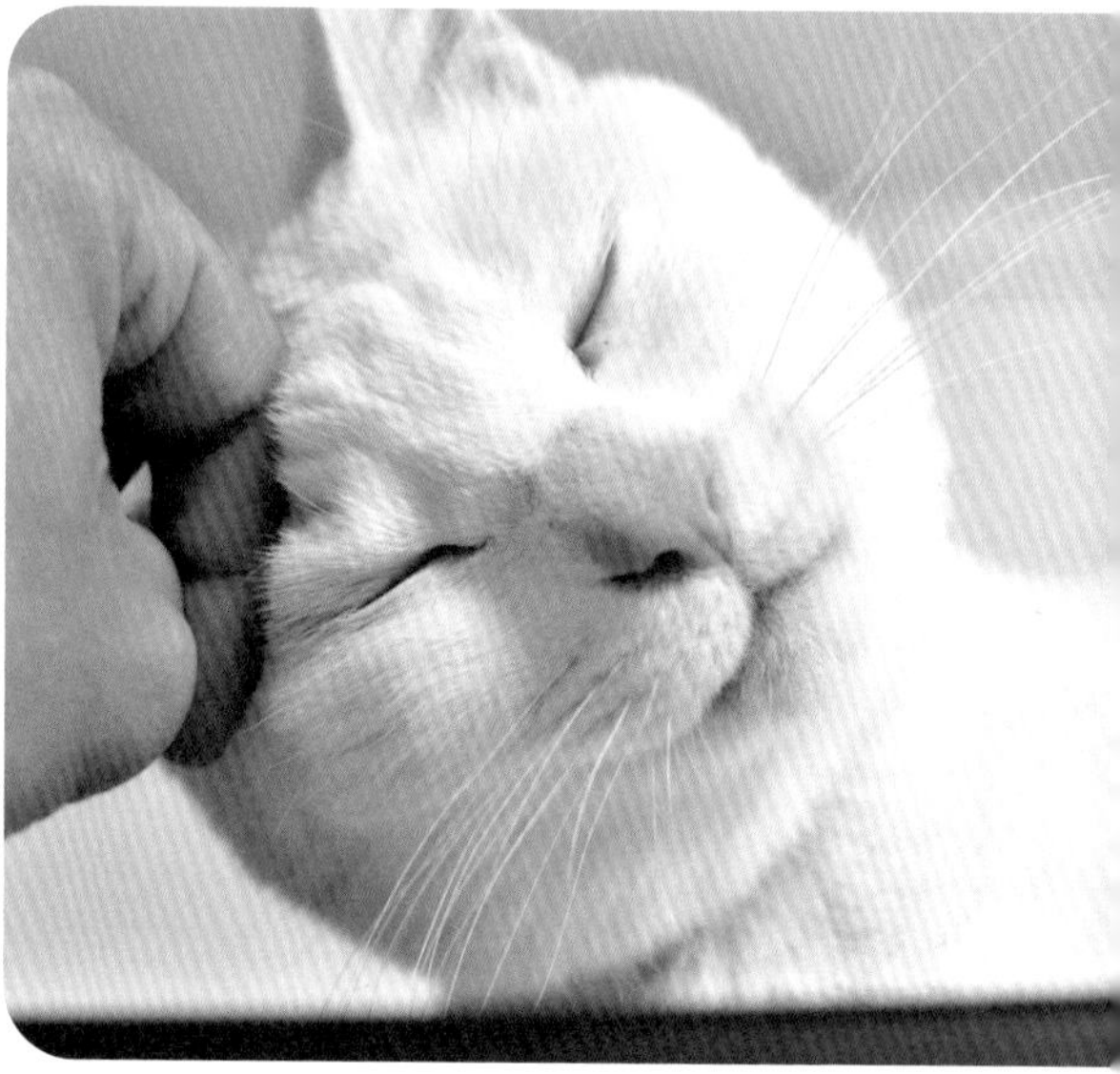

タイミングを見極めること

優しく撫でたり抱っこしたり、思いっきり一緒に遊んだり……。これは猫と暮らしてみないと分からない楽しみではないでしょうか。適度なスキンシップは猫との仲を深めるだけでなく、ストレス緩和や病気の早期発見などにも役立つ大切なコミュニケーションです。

ポイントは、猫はかまってほしい時には自ら飼い主に近づいてくるということ。寝ている時やひとりの時間を過ごしている時に無理やりかまうのはご法度です。また、猫は気が済めば、甘えた態度から急に「放っておいて」とそっけない態度になることもしばしば。いつまでもしつこくかまうのではなく、止めてほしいタイミングを見極めましょう。

抱っこ

すべての猫が抱っこ好きとは限らないので無理強いはしないこと。警戒心の強い猫にとっては「捕獲・拘束」に思われかねない。いきなり抱き上げず、まずは脇に手を入れそっと上半身を浮かすところからはじめ、大丈夫そうならしっかりと腕を猫のお尻に回し、片手は体を包みこむように抱くと安定感もあり猫も安心しやすい。

やめてのサイン

- 抱こうとすると体がこわばる／怒る
- 足を突っ張る
- しっぽをブンブンさせる
- ジタバタする

遊ぶ

猫は大人になっても遊びが大好き。狩猟本能をくすぐる遊びで刺激すれば、運動不足解消にも大いに役立つだけでなく、飼い主との抜群のコミュニケーションになる。猫の場合、遊びも集中して短時間で十分なので、1日に15～30分程度しっかり遊んであげるとよい。猫のハンター魂に火を点けるような動きをマスターしよう。 ➡ **P80**～

おもちゃいろいろ

おもちゃも、猫がひとりで楽しめるアイテムや飼い主と一緒に遊ぶアイテムなどさまざま。使い分けると遊びの幅も広がる。

ひとりでも楽しめるアイテム

ネズミなどの人形

まさに獲物そのもので、猫の反応もいい。噛んで放り投げたり、咥えて逃げたり、狩りの疑似体験でストレス発散。

電動おもちゃ

電動で動いてくれるので猫を退屈させない。家の中でパワーを持て余した遊び盛りの猫にはたまらない。

ボール

チョイチョイと手を出せば自在に転がる鉄板アイテム。素材も大きさもさまざまなので猫の好みに合うものを。

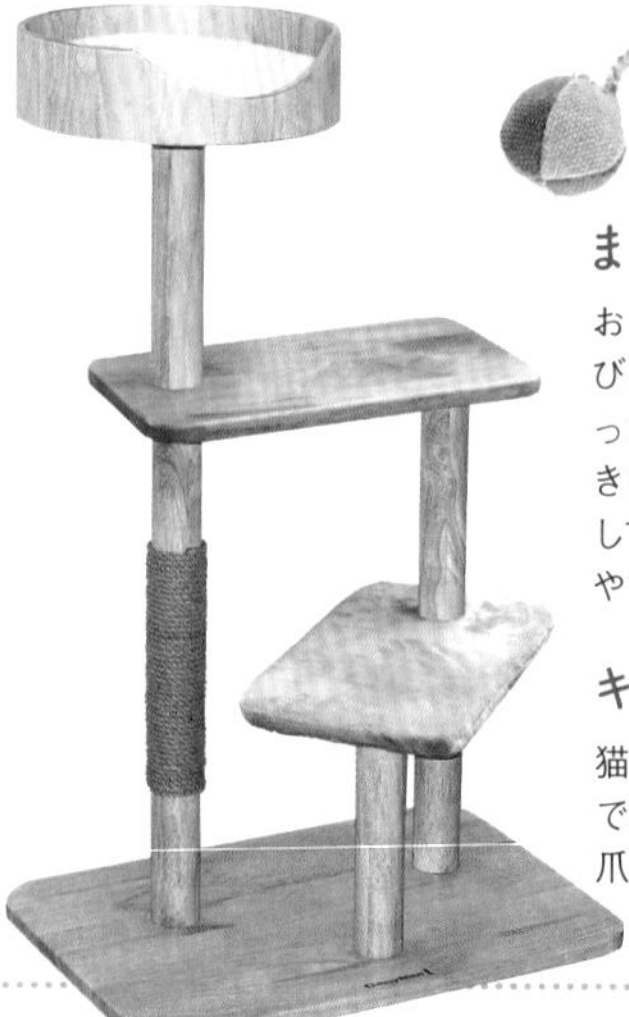

またたびおもちゃ

おもちゃの中にまたたびやキャットニップが入ったもの。マタタビ好きな猫はニオイに反応して興奮スイッチが入りやすい。

トンネル

穴が大好きな猫に最適。ひとりでくぐって遊んだり、おもちゃを出入り口でチラつかせても大興奮する。

キャットタワー

猫が猛ダッシュで駆け上がったりジャンプしたり、木登り感覚で遊べる上に普段は見張り台にもなる。置き型やつっぱり型、爪とぎやハウスなどの付属アイテムもさまざま。

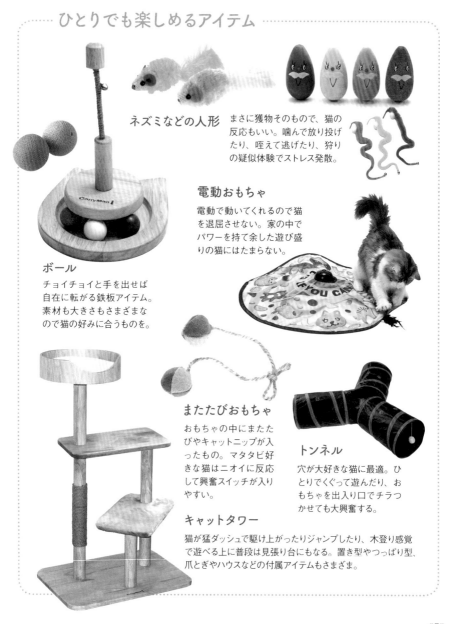

飼い主と一緒に遊ぶアイテム

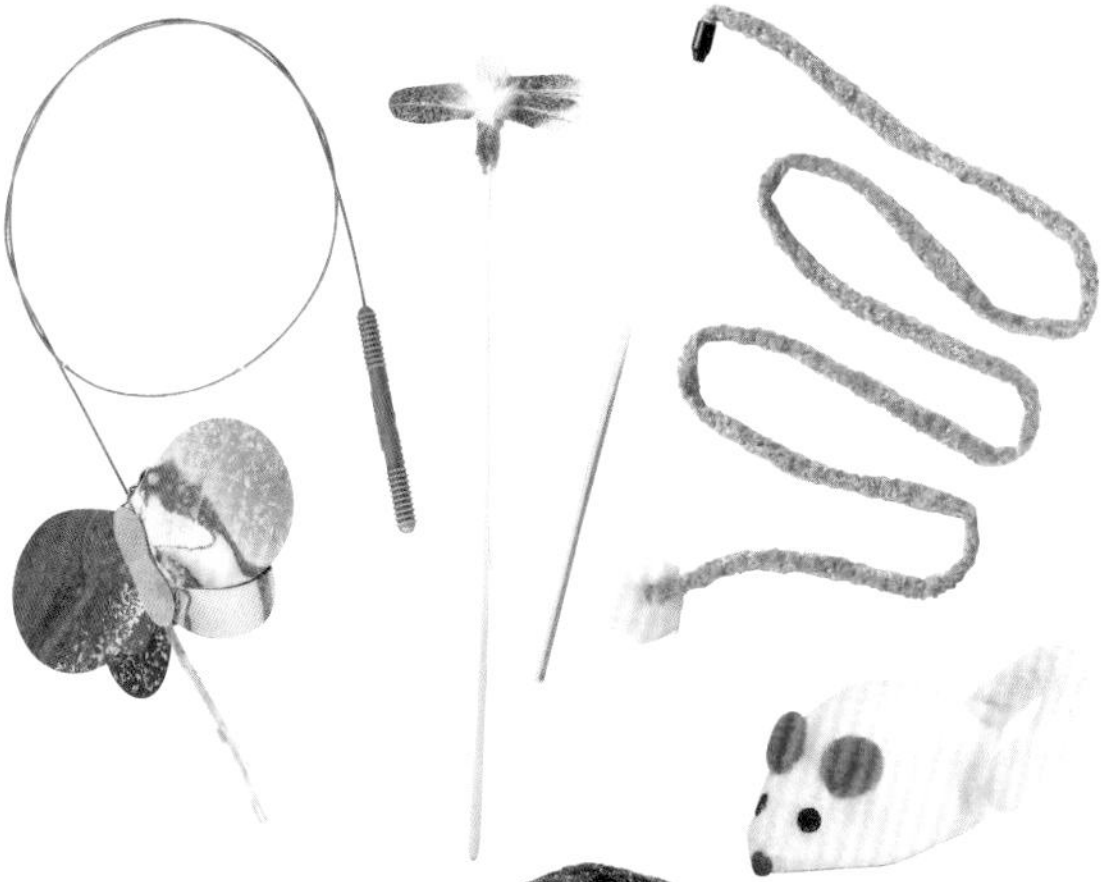

猫じゃらし

棒の先にさまざまなタイプのおもちゃが付いているので動かし方次第で色々な遊びが楽しめる。釣竿タイプなども。猫にジャンプさせれば、ダイナミックに遊べてストレス発散に。

ゼンマイ式おもちゃ

ゼンマイで動いてネズミのすばやい動きを再現。狩猟本能に火が点くこと間違いなし。

手袋型

生地にまたたびを使用した手袋型のおもちゃ。素手で遊ぶのは噛み癖が付くのでNG だが、これなら安心。

動画好きなコには…

TVに反応する猫には、猫が観るDVDもオススメ。鳥の水浴びや鳩の散歩、ネズミやハムスターが遊び回るシーンなど、猫が好む映像が収録されている。また、パソコンやスマホ、タブレット動画でも、検索すると数多くの猫向け動画が出てくるので、愛猫と一緒にお気に入りを探してみては?

※中には、興奮してTVやパソコンの大型ディスプレイに飛び乗ってしまう猫もいるので、転倒防止策も忘れずに。

猫が喜ぶじゃらし方

遊ぶといっても、猫じゃらしを単純に振っただけでは猫は食い付いてくれない。想像力やテクニックを最大限に駆使して小動物になりきろう。

➡ 鳥のように

鳥の羽ばたきをイメージして、羽が付いた猫じゃらしなどを床からピョーンと跳ね上げてみよう。

➡ ネズミっぽく

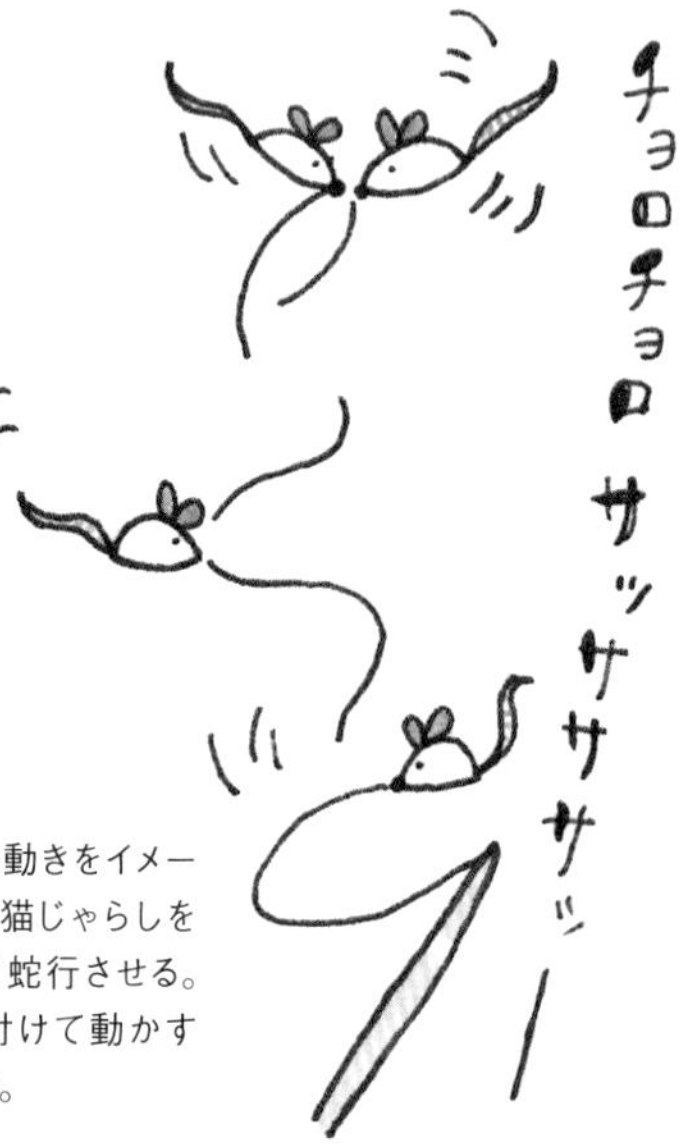

ネズミの動きをイメージして、猫じゃらしをすばやく蛇行させる。緩急を付けて動かすのもコツ。

捕食動物の動きを再現

猫の遊びは、すべて狩猟の疑似体験。「追いかける・飛び付く・パンチ・捕まえる・噛み付く」などの動きは、生まれながらのハンターの習性です。これらの本能を満たすために、ネズミや鳥、虫などの捕食動物の動きを再現するようなじゃらし方をすると、猫のハンター魂にみるみる火が点きます。猫は待ち伏せて一気に獲物を追い込む短期決戦型なので、時間も1日15～30分と短時間集中でOK。

また、ひとり遊びも得意な猫。猫好きの間で「夜の大運動会」とも呼ばれる、夜中に猫が興奮して駆け回る行動がよく見られますが、アメリカでは「狂気の30分」などといわれ、これも猫にとっては最高のストレス発散タイム、健康な証拠なのです。

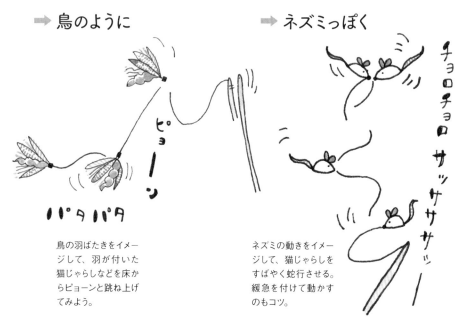

虫みたいに

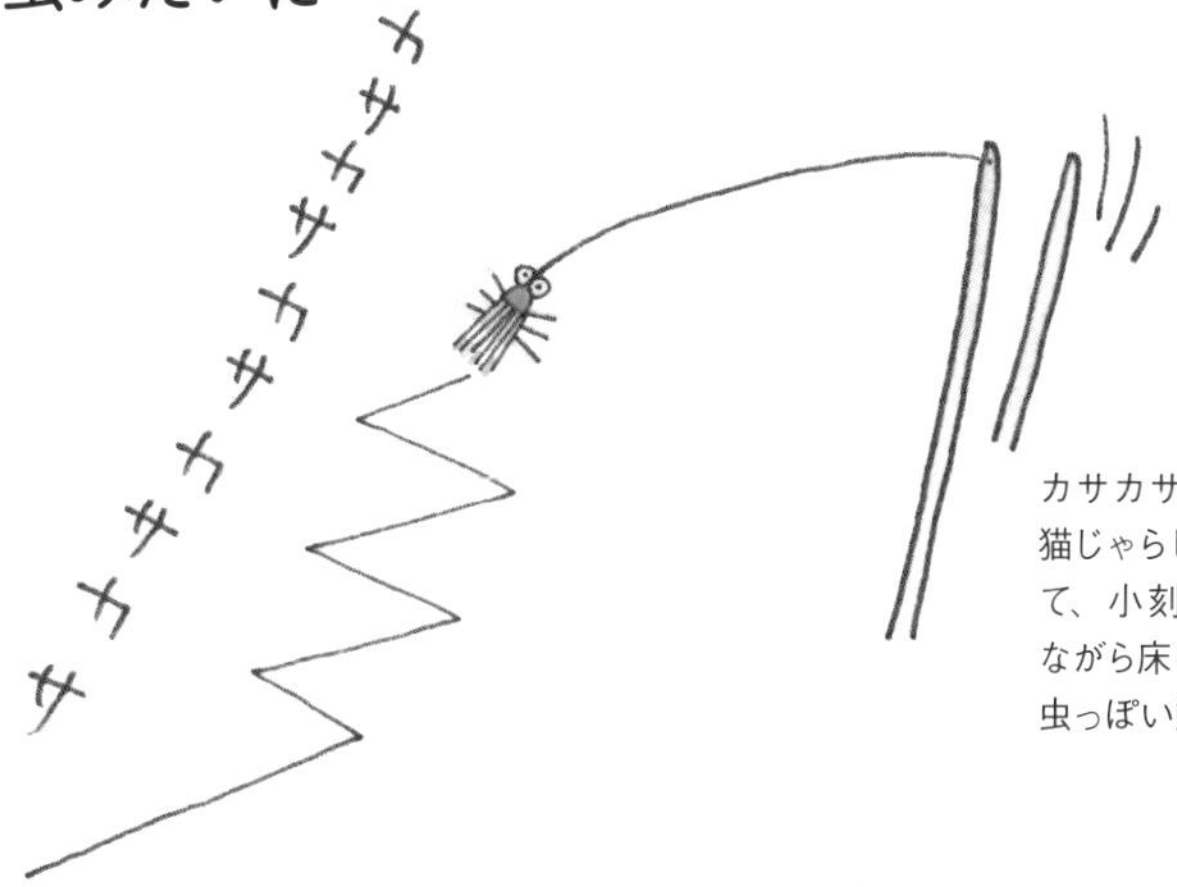

カサカサと音が出る猫じゃらしなどを使って、小刻みに動かしながら床を滑らせると虫っぽい動きに。

他にも…

かくれんぼも大好き

隠して
モゾモゾ

箱の中から
ヒョイッ

POINT

- 短期集中で OK
- 狩猟本能をくすぐろう
- 捕食動物の動きをイメージして
- 一定のリズムや動きではなく不規則に

待ち伏せ型の狩りをする猫は、かくれんぼも大好き。布の下におもちゃを隠して動かしたり箱に穴を開けてそこからおもちゃを出し入れしてみよう。猫の反応を見ながら動かすとよい。

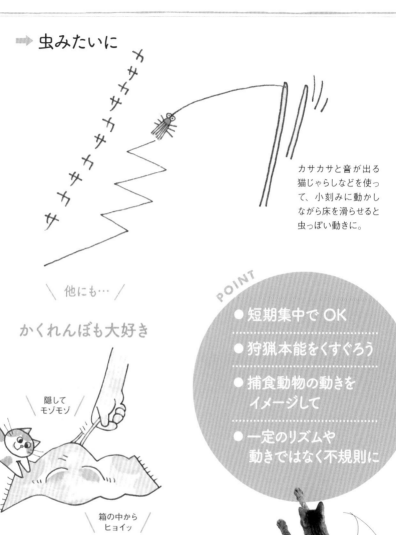

猫も私も癒される

ニャンとも気持ちいいマッサージ

適度なマッサージが、ストレス解消や健康増進に効果的なのは猫も同じ。「まんざらでもない表情」を確かめながらスキンシップの延長で、ツボや経絡を優しく刺激してみよう。

監修・石野 孝

さまざまな効能が

近年、ペット医療においても鍼灸・マッサージなどの東洋医学による治療が注目を集めています。人間がマッサージでリラックスしたり体調が良くなったりするように猫もストレス解消や健康増進につながるだけでなく、身体機能の活性化や病気予防、体をくまなくマッサージすることによって病気の早期発見、また病気治療の補助につながることもあります。そして、何より猫にとっても飼い主にとってもスキンシップによる精神的リラックスを得られることもマッサージの魅力です。

ツボは病気の反応ポイント

東洋医学では、人間の体の中に「経絡《けいらく》」という目には見えない道筋が通っており、そこに「気血《きけつ》」と呼ばれる生命エネルギーが巡っていると考えられています。「気」は病気への抵抗力や新陳代謝を司るとされ、「血《けつ》」は、西洋医学の血液に似ている物質で、細胞の隅々まで栄養を行きわたらせています。そして、この気血が滞った状態が病気であり、その際に経絡上にある「ツボ」を刺激することで、気血の滞りを改善することができるとされます。

ツボには末梢血管や神経の末端が集まっており、体の中の異常が現れる病気の反応ポイントであると同時に、治療ポイントでもあるのです。

ツボ一覧

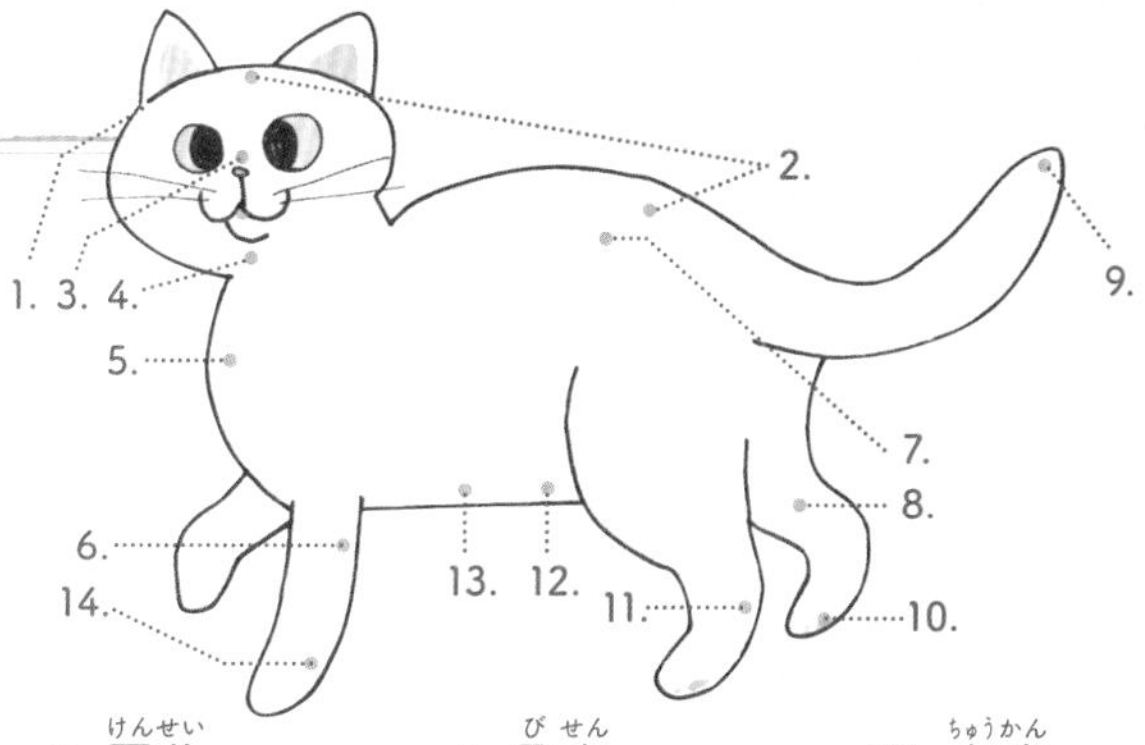

1. 風池《ふうち》

場所 ● 左右の耳の後ろにあるくぼみ

効能 ● 悪寒、発熱など風邪の初期症状、眼の疾患、のどの痛みなどの緩和。風邪の予防

2. 百会《ひゃくえ》

場所 ● 頭頂部．腰の一番広い骨と背骨が交わる部分の少しくぼんだところ

効能 ● 免疫力の向上強化、イライラの解消など

3. 山根《さんこん》

場所 ● 鼻の上の毛の生えているところと生えていないところの境

効能 ● 鼻水、鼻詰まり解消、ショック防止、熱中症の症状緩和など

4. 廉泉《れんせん》

場所 ● あごの下のくぼみ

効能 ● セキ、くしゃみなど風邪の初期症状、糖尿病、舌の病気予防。呼吸器系疾患の主穴

5. 肩井《けんせい》

場所 ● 左右の肩関節前下方のくぼみ

効能 ● 前足・肩の神経麻痺、肩捻挫など、肩の筋肉・関節に直接作用

6. 曲池《きょくち》

場所 ● 肘関節を曲げた時のシワの外側のくぼみ

効能 ● のど、歯、目の痛み、前足の麻痺、腹痛、発熱など。肩こりの特効穴

7. 腎兪《じんゆ》

場所 ● 最後の肋骨の少し後ろ、背骨両側のへこむところ（左右に1ヶ所ずつ）

効能 ● 腎臓、泌尿器、生殖器の働きの活性化

8. 三陰交《さんいんこう》

場所 ● 左右後ろ足のかかとと膝の中間内側

効能 ● 不妊手術による肥満予防、利尿作用、のどの痛みなど。ホルモンバランスを整える

9. 尾尖《びせん》

場所 ● しっぽの先端

効能 ● 発熱などの風邪の初期症状、胃腸の働きの活性化、熱中症の症状緩和など。風邪による消化器症状の改善

10. 湧泉《ゆうせん》

場所 ● 後ろ足の一番大きな肉球の上

効能 ● 水太りによる肥満防止、泌尿器系疾患予防。腎と膀胱の機能を強化し、利尿作用促進

11. 安眠穴《あんみんけつ》

場所 ● 後ろ足の肉球をかかとの方へたどっていって、急にへこむ場所。関節の手前

効能 ● ストレスの緩和。安眠の特効穴

12. 丹田《たんでん》

場所 ● ヘソの下あたり一帯

効能 ● イライラの解消、消化・泌尿器系疾患予防

13. 中脘《ちゅうかん》

場所 ● みぞおちとヘソの中間

効能 ● 食生活による肥満、ストレス性の過食の防止、食欲不振、消化不良、急性胃腸炎など

14. 神門《しんもん》

場所 ● 左右の前足首にある肉球（手根球）の下のくぼみ

効能 ● 便秘、不眠など。脳に作用し、心の安定を図る

※人間の体には14の経絡に沿って、約360のツボがある。体の形状や大きさの違いからくる微妙な差はあるが、犬や猫もほぼ同数のツボが同様の位置に存在する。

マッサージを行う際の注意事項

猫も飼い主もリラックスした状態で行うこと
猫の方から甘えてきた時がチャンス。寝ているところを起こすなどはNG。

猫の皮膚を傷つけないよう爪は切っておくこと
できれば猫の爪も切っておくと安心です。

指輪や腕時計などははずしておくこと

猫の食前・食後は避けること
人間同様、消化器官への血流を確保するためです。

毎日15〜30分程度が目安
たとえそれ以下でも、猫が嫌がったらすぐに止めましょう。

病気やケガの治療中は獣医師に相談の上で行うこと

基本となる手の動きをマスターしよう

主なマッサージテクニックは、6つ。ツボの場所や種類によって指先だけで優しく撫でたり、手のひら全体を使ったりと適宜使い分けます。指の間などのごく狭い部分は、綿棒やヘアピンの丸くなった方を使うと、ピンポイトでツボ押しすることができて便利です。

力加減は、自分がマッサージされた時の心地よさを思い浮かべつつ行いましょう。猫が「まんざらでもない表情」をしてくれたら、良い加減です。皮膚を引っ張り上げる際、「猫が痛そう」と躊躇してしまうかもしれません。しかし、猫の皮膚は人よりも丈夫で弾力性があるので、多少強くつまんでも平気です。もし心配なら自分の皮膚をつまんでみて、痛くない強さを確認し、それを猫に再現するようにしてみてください。薄くつまむと痛いので、やや厚めにつまむといいでしょう。

ストローク

手を櫛に見立てて、毛並みに沿って手のひらと指で軽く撫でる。初めはゆっくり、猫が慣れてきたらだんだんと速く。

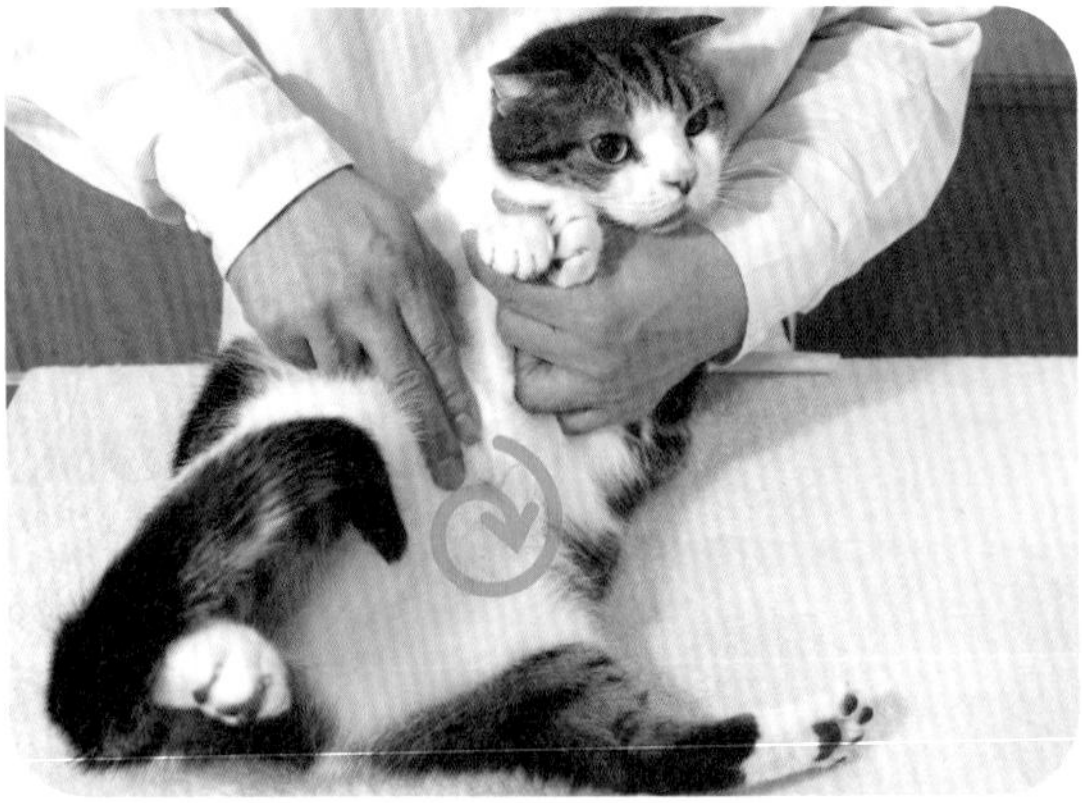

円マッサージ

ひらがなの「の」の字を描く感じで指を動かす。まず時計回りに、次に反時計回りに。下腹部など広い部分は人差し指と中指の2本で、狭い部分は人差し指だけでOK。

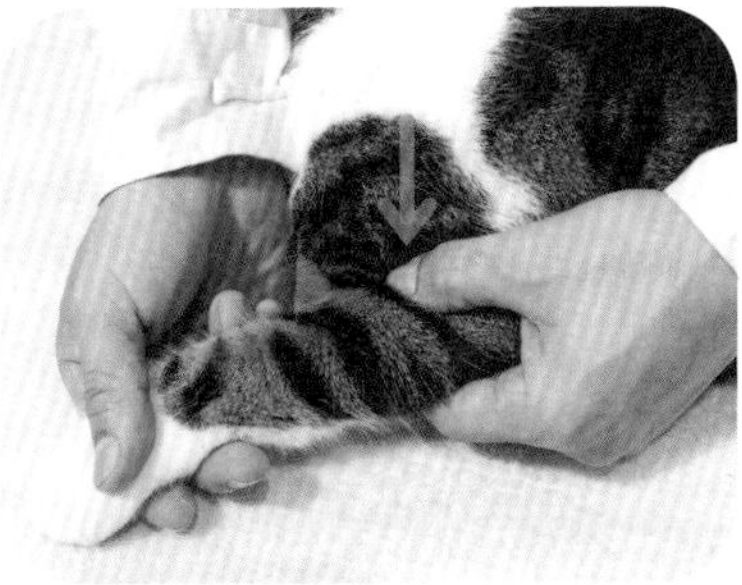

指圧

「1、2、3」と数えながら親指の腹で押す。3で、痛いと気持ちいいが半々くらいになるような力加減（キッチンスケールの数字で表すと200 g～1kg程度）を3秒キープ。「3、2、1」で力を抜いていく。このセットを4～5回繰り返す。

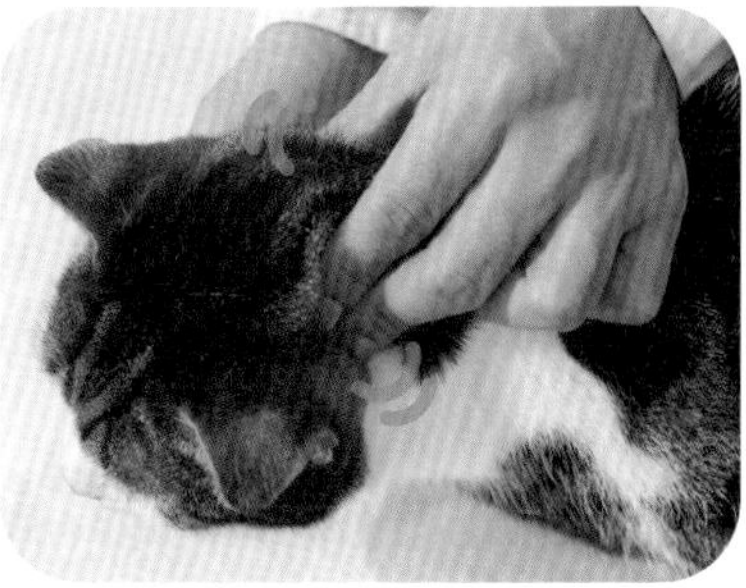

もむ

親指とその他の4本の指で、皮膚をはさみ、もんだり、引っ張ったりする。首や肩の付け根、足先などをマッサージする時に有効。

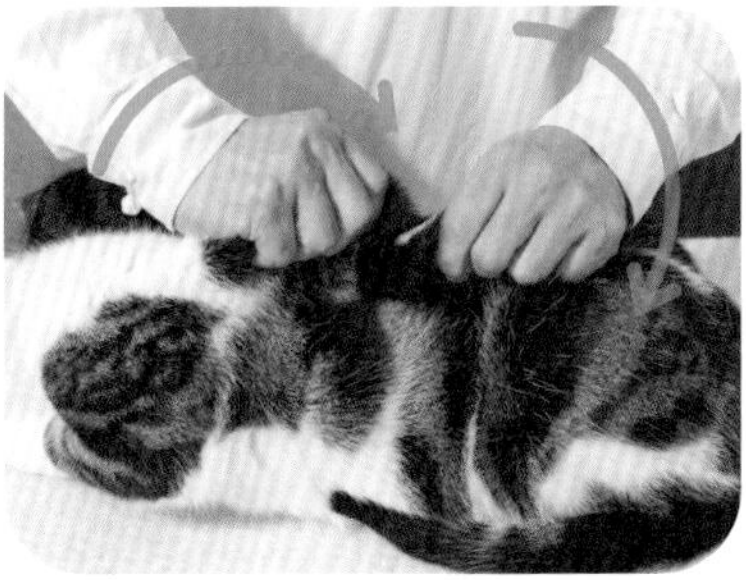

ツイスト

ピックアップで引っ張り上げた皮膚をねじる動作。雑巾を軽く絞るような感じをイメージしながら。押したり、引いたりしながら、だんだんと強くもんでいく。

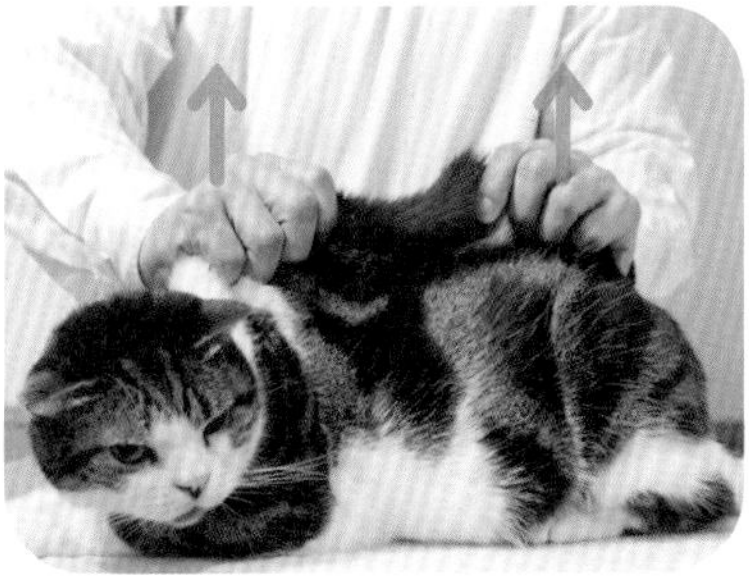

ピックアップ

皮膚をのばしてつまむ動作。1ヶ所あたり10秒程度が目安。背中などの広い部分は5本の指を、足や顔などの狭い部分は2、3本の指で。爪は立てず、指の腹を使うように。

触られるのが苦手な場合は…

日頃からこまめにスキンシップを行って、触られることに慣らしていくようにしましょう。触られることの気持ちよさを伝えていくことから始めてください。どうしてもダメな場合はおやつを与えながら撫でるなど、触られると何かいいことがあると思わせるのも1つの手。いきなり、お腹や足先などから始めず、あごの下や背中など心地いいと感じやすい場所から徐々に進めましょう。無理強いは禁物。猫が嫌がったらすぐに止めましょう。

➡ 症状別マッサージ実践編

肩こり

猫は人間より肩こりがひどいといわれています。まず、四足歩行なので前足にかかる負担が大きいためと、鎖骨が発達しておらず、胴体と前足をつなぐ機能は実質筋肉のみが担っているという解剖学的理由からです。また、ストレスなど生活習慣からくる要因も近年は増えています。ここでは、2つのツボを指圧して、肩のこりをほぐす方法を紹介します。

● 効果的な経絡とツボ

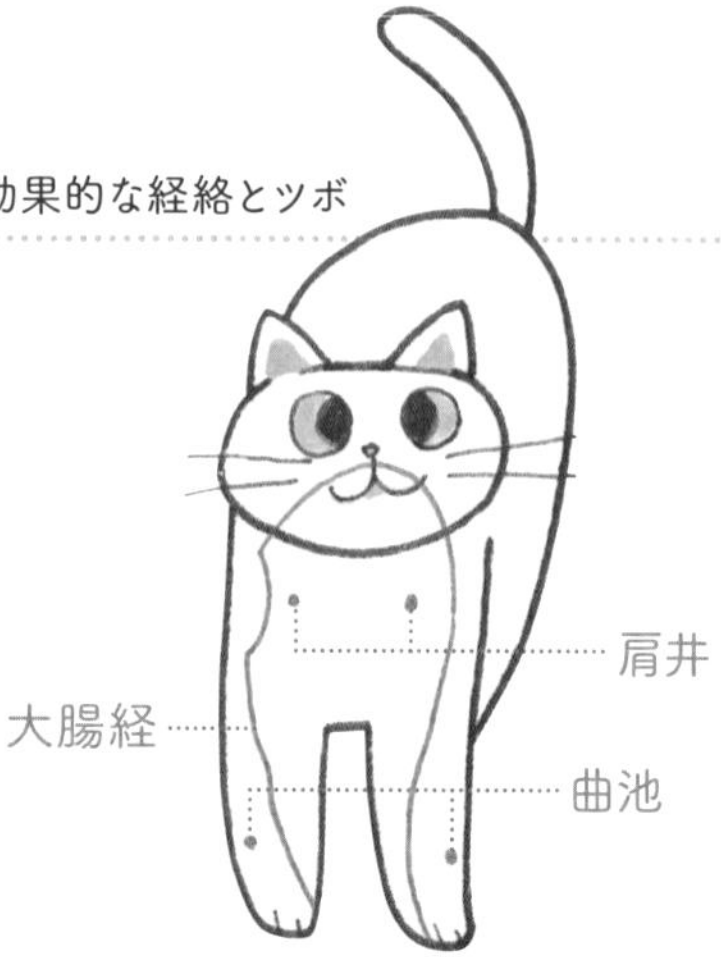

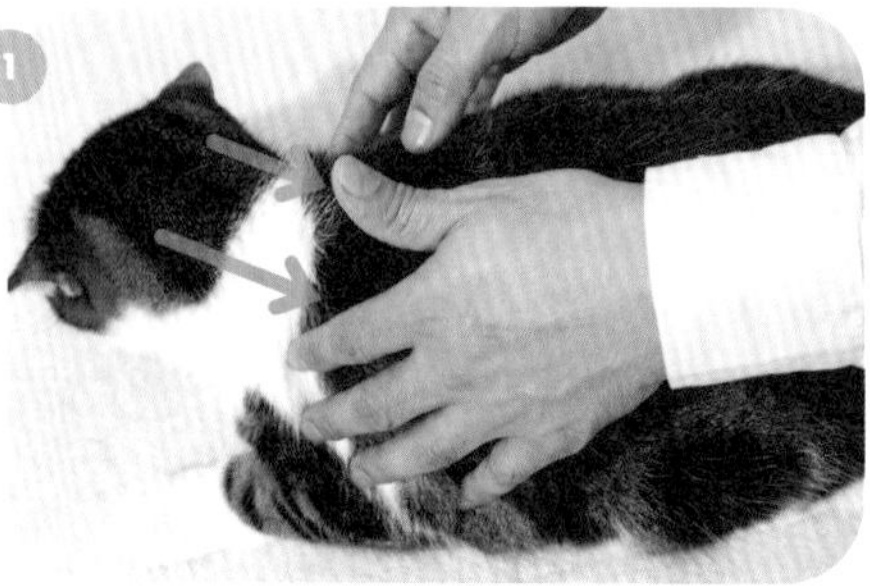

まず、肩をやさしく櫛で梳《と》かすようにストローク

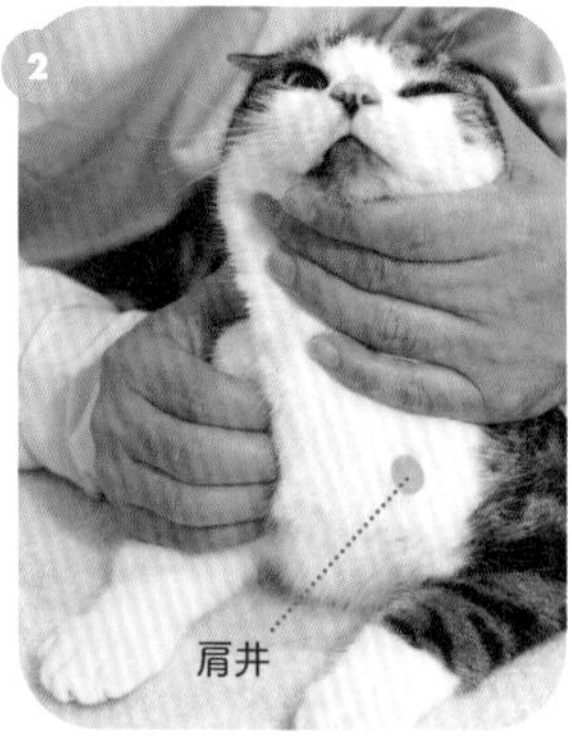

後ろから、肩井を4本の指で指圧

曲池を指圧

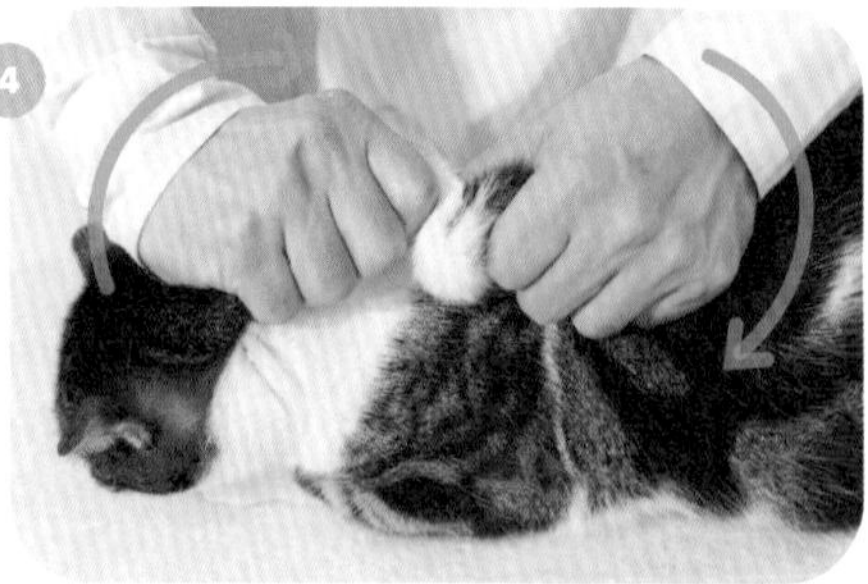

肩のピックアップ＋ツイスト

いちばん役立つペットシリーズ

猫専門誌『猫びより』編集部が
猫と人との快適な暮らしのために考えた実用シリーズ。
猫びより編集部・編　A5判　日東書院本社

ISBN 978-4-528-02448-9

はじめての猫との しあわせな暮らし方

定価1,430円（税込）
オールカラー160ページ
猫の習性、飼育の基本など、あらゆる項目を網羅した飼育書。迷子対策・医療ほか最新情報を追加した決定版です。

ISBN 978-4-528-02399-4

獣医さん、聞きづらい「猫」のこと ぜんぶ教えてください！

定価1,540円（税込）144ページ
治療法・お金・愛猫の悩み…面と向かって聞きづらかったことに答えます。

ISBN978-4-528-02209-6

猫と一緒に生き残る 防災BOOK

定価1,430円（税込）
112ページ
あらゆる危機に備え、愛猫を守るための災害サバイバル術。

ISBN978-4-528-02231-7

まんがで読む はじめての 猫のターミナルケア・看取り

定価1,430円（税込）128ページ
愛猫の命が残りわずかとなったとき、飼い主にできることは？

ISBN978-4-528-02277-5

まんがで読む はじめての保護猫

定価1,430円（税込）128ページ
保護猫を迎えるときの疑問やさまざまなケースをまんがで解説。

ISBN978-4-528-02288-1

まんがで読む 教えてドクター！ 猫のどうする!? 解決BOOK

定価1,430円（税込）224ページ
猫との暮らし実録マンガ＋獣医師のアドバイス。

猫で脳を鍛える！

にゃんトレ 脳活にゃんこ算数ドリル

諏訪東京理科大学教授 篠原菊紀・監修
定価 1,650 円（税込）
B5 判　オールカラー 112 ページ　辰巳出版
ISBN978-4-7778-3105-0
のべ 500 匹超の可愛い猫ちゃんが算数問題に！ 算数ドリルは、脳のメモ機能を活発に働かせる、ワーキングメモリを鍛えるのに最適なトレーニング。大人も子どもも、にゃんこに癒されながら楽しく脳活できます。

みんなしあわせ! 保護猫ビフォーアフター

猫びより編集部・編　定価 1,540 円
B5 変型判　オールカラー 144 ページ　辰巳出版
ISBN 978-4-7778-3097-8
家族の愛で、猫生はここまで変わる——。「保護した頃」と「現在」、2 枚の写真と飼い主視点のエッセイで綴る、48 のビフォーアフター物語。どの猫にも共通するのは、現在の姿が皆しあわせそうだということ。本書の売上の一部は、猫ボランティアグループに寄付されます。

らい 下半身不随の猫

晴・著　定価 1,540 円（税込）
A5 変型判 オールカラー 112 ページ　辰巳出版
ISBN 978-4-777-3067-1
ミロコマチコさん推薦！「もらった優しさを何倍にも膨らませて、らいは世界を愛してゆく。」交通事故で保健所に収容されたものの下半身付随になった「らい」。殺処分寸前で著者に引き取られ、同居猫たちと元気に暮らしています。らいの看護とにぎやかな暮らしを綴ったフォトブック。感動のロングセラー『くぅとしの』のその後の物語です。

ISBN 978-4-7778-2871-5

猫にひろわれた話

猫びより編集部・編
定価1,540円（税込）A5判
オールカラー160ページ　辰巳出版
猫専門誌『猫びより』『ネコまる』から珠玉の保護猫エピソードを22話収録。装画は『俺、つしま』おぷうのきょうだいさんの描きおろし。

ISBN978-4-7778-2229-4

くぅとしの
～認知症の犬しのと介護猫くぅ～

晴・著　A5変型判
定価1,320円（税込）
オールカラー112ページ　辰巳出版
Instagramの大人気アカウント「ひだまり日和」のくぅとしのフォトエッセイ。

ISBN978-4-7778-2531-8

猫のいる家に帰りたい

仁尾智・短歌・文
小泉さよ・絵
定価1,430円（税込）A5判
オールカラー112ページ　辰巳出版
（たぶん）世界初の猫歌人・仁尾智による、猫との暮らしの悲喜こもごも。

緊張を和らげる

来客や新しい猫がやってきたなど、これまでと違う刺激で緊張してしまった猫の心身をほぐすのに効果的なのが、脳に作用して心を落ち着かせる「神門」、「安眠穴」。この２つのツボをそれぞれ指圧しましょう。特に安眠穴はその名の通り、心地よい眠りをもたらしてくれるツボです。緊張のあまり、よく眠れていないようなら試してみてください。

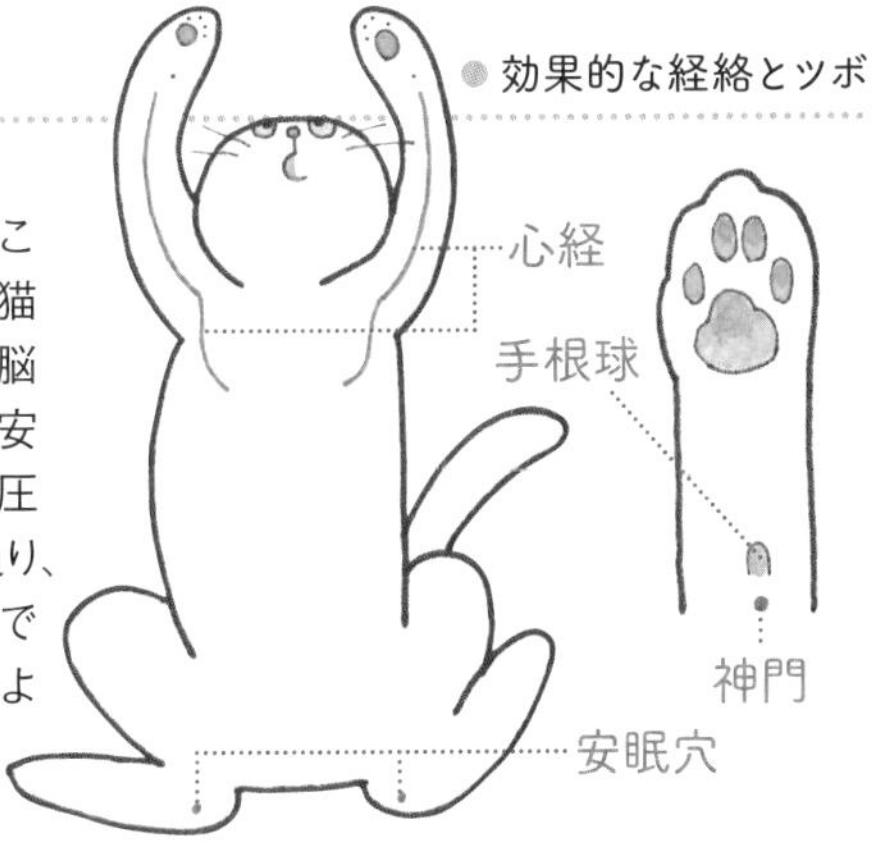

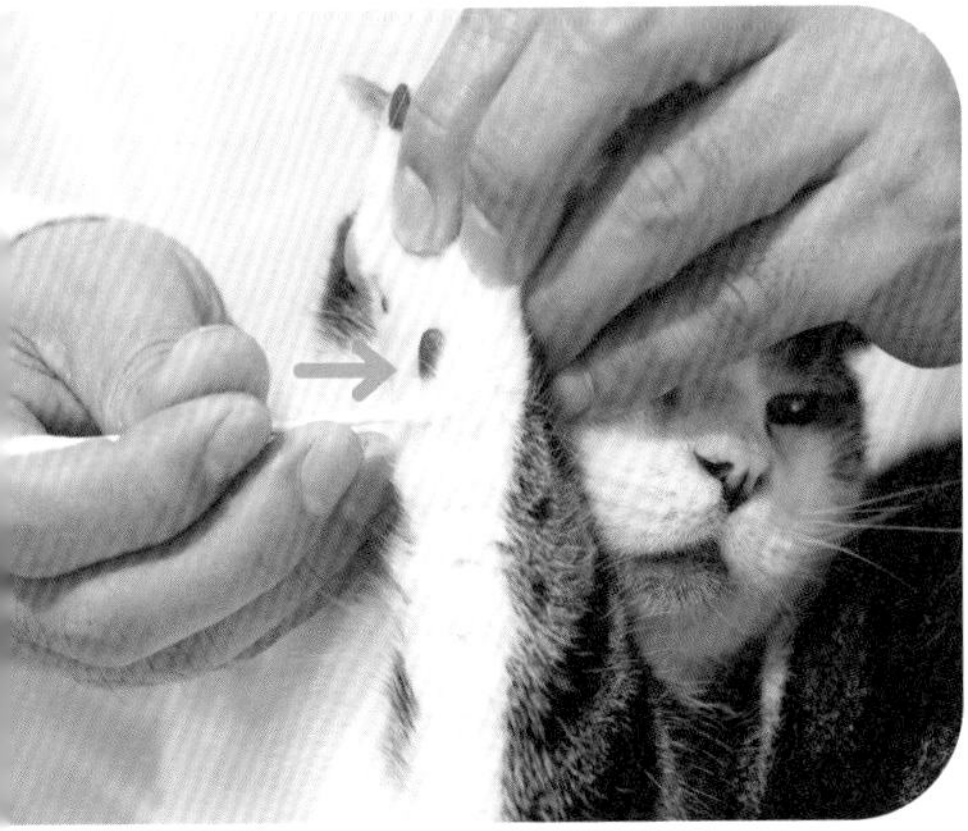

神門

手根球の下のくぼみを指圧。
綿棒などを使うと押しやすい

安眠穴

人でいうと土踏まずの後ろの位置。かかとのへこんだ部分を指圧

イライラを解消

イライラを鎮めるのに役立つツボの代表格が、「丹田」です。丹田は正確にはツボではなく部位を指す名称。イライラの溜まる場所なので、それを解放してあげる気持ちでマッサージしてください。

顔の皮膚をピックアップすることも効果的です。顔の表情と感情は密接に関係しています。人間同様、猫もイライラが溜まると表情に出ます。そんな時は、楽しそうな顔を作ってあげるようにピックアップ。近年の医学研究で、たとえ作り笑顔でも、顔の表情を明るくすることで健康に効果があることが知られていますが、猫も同様です。

● 効果的な経絡とツボ

● 顔の皮をピックアップ

耳の付け根あたりの皮膚のたるんだところをつまんで、後ろに引っ張る。この時、自分も笑顔で行うとさらに効果的！　猫の皮膚は伸縮性があるので少しくらい引っ張っても痛くはないが、嫌がる場合はすぐにストップ。「まんざらでもない表情」がポイント

● 丹田

ヘソ（お腹の真ん中あたりのへこみ）の下を、イライラを解放してあげる気持ちで、ゆっくり大きめに円マッサージ

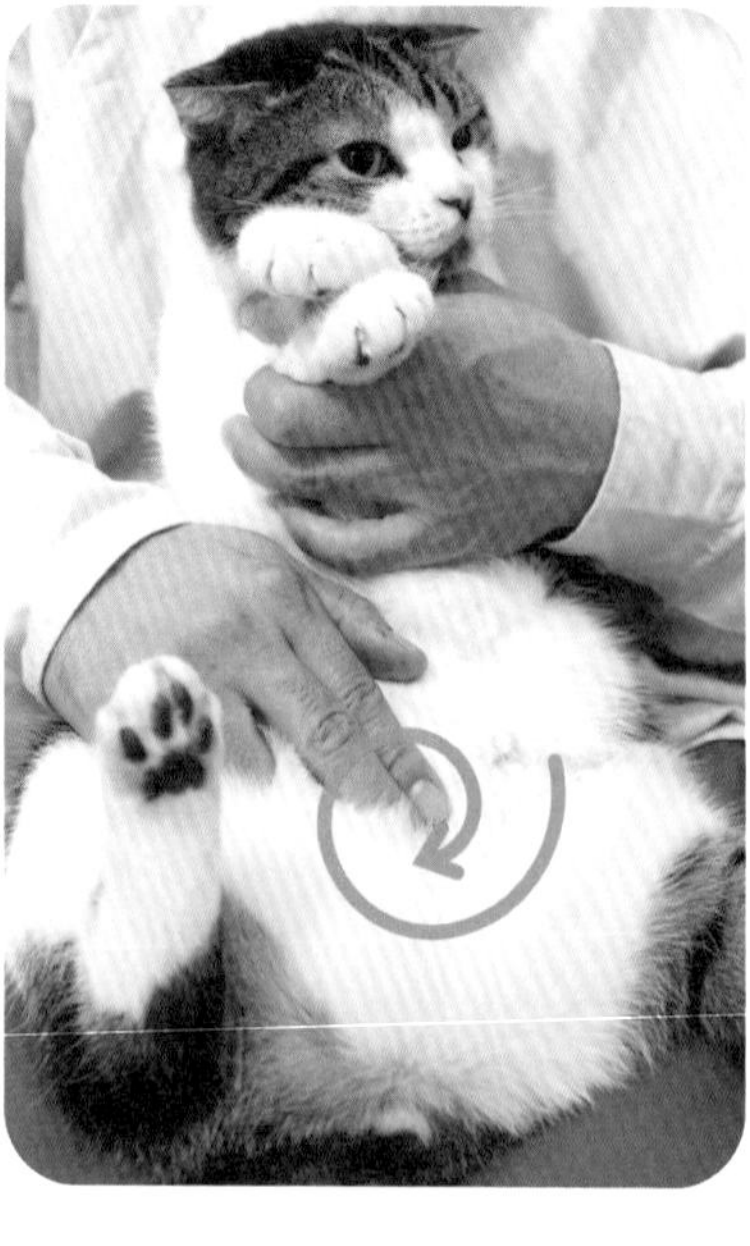

ダイエット

猫の肥満には大きく分けて、食生活による肥満、水太り（新陳代謝が悪く余分な水が溜まっている状態）による肥満、不妊手術による肥満の３つの原因があります。原因別に効果的なツボがあり、それぞれ「中脘」、「湧泉」、「三陰交」と呼ばれているツボがこれにあたります。「脘《かん》」とは、東洋医学でお腹の部分を指し示す語で、胃の上（みぞおちとヘソの中間）あたりに相当します。

● 効果的な経絡とツボ

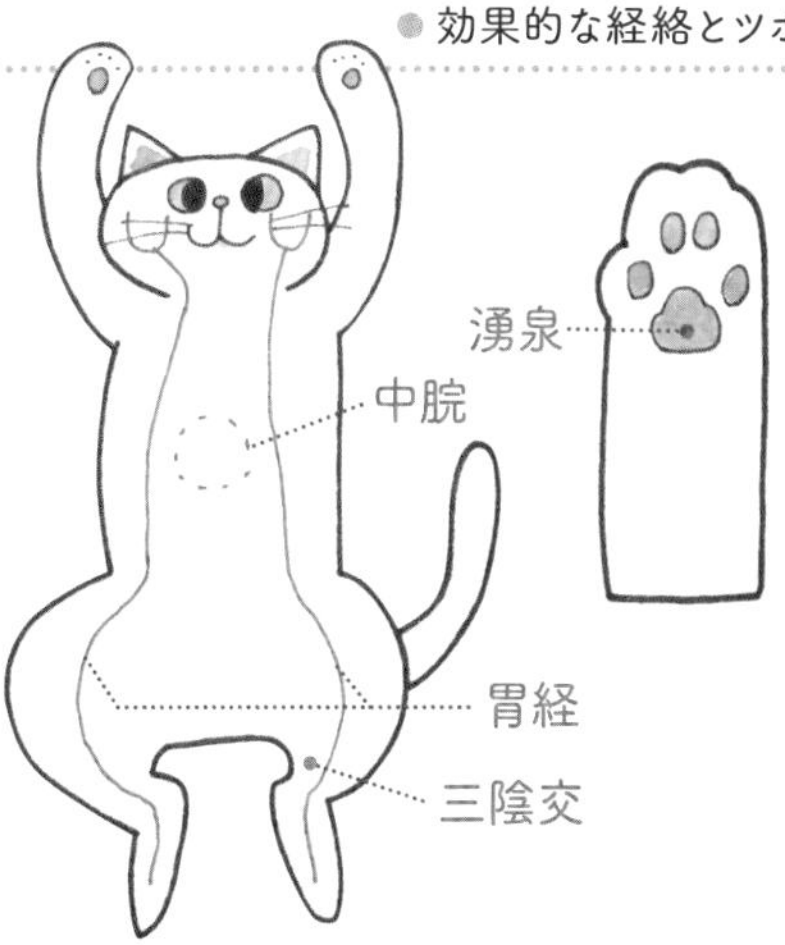

● 中脘

食生活による肥満に有効。胃腸の働きを整え、食欲をコントロール。手のひらで、みぞおちとヘソの中間を「の」の字を描いて円マッサージ

● 三陰交

ホルモンバランスを整え、避妊・去勢による肥満を緩和。膝とくるぶしを結んだ線上にあり、下から 2/5 の位置を指圧

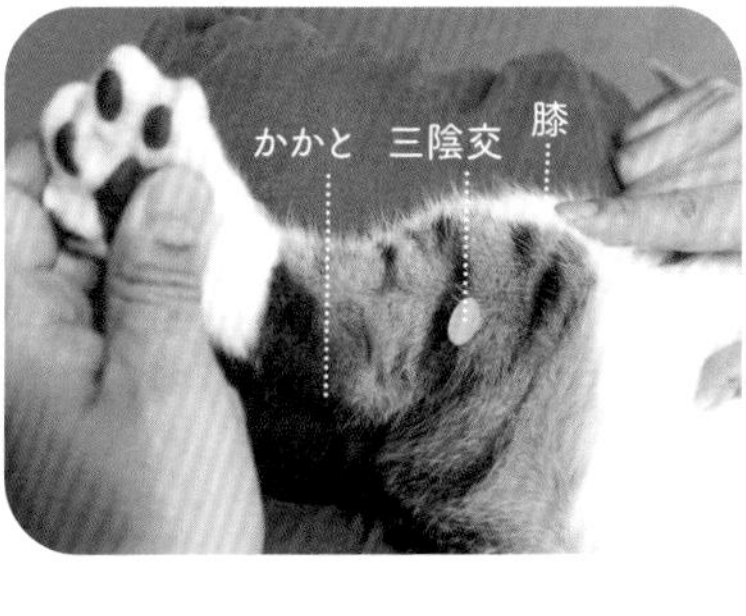

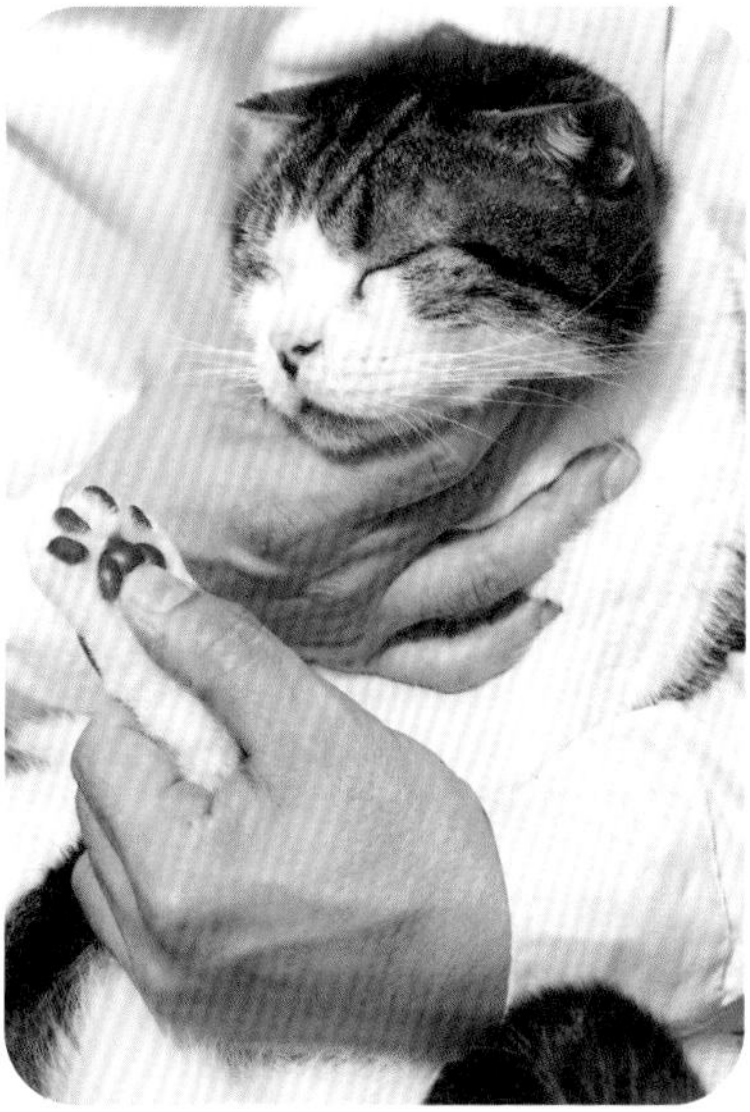

● 湧泉

腎と膀胱の機能を強化し、利尿作用を良くするツボで、水太りを解消。後ろ足の一番大きな肉球の上を指圧。「まんざらでもない表情」を確かめながら

長生き

長生きするためには心身ともに健康であることが重要です。そのために、大いに助けになるツボは、「百会」です。「百」というのは、「数多い」という意味で、たくさんの経絡が集まるいわばターミナル駅のような存在。すべての病気に効果がある万能のツボとして知られ、特に免疫力強化に効果を発揮します。次に、「腎兪」。腎兪の「腎」とは、腎臓機能に精力をプラスしたもののことで、東洋医学では腎が丈夫だと健康で長生きできるとされています。猫は特に腎臓や泌尿器系の病気が多く、これを予防することはすなわち長生きに通じます。

● 効果的な経絡とツボ

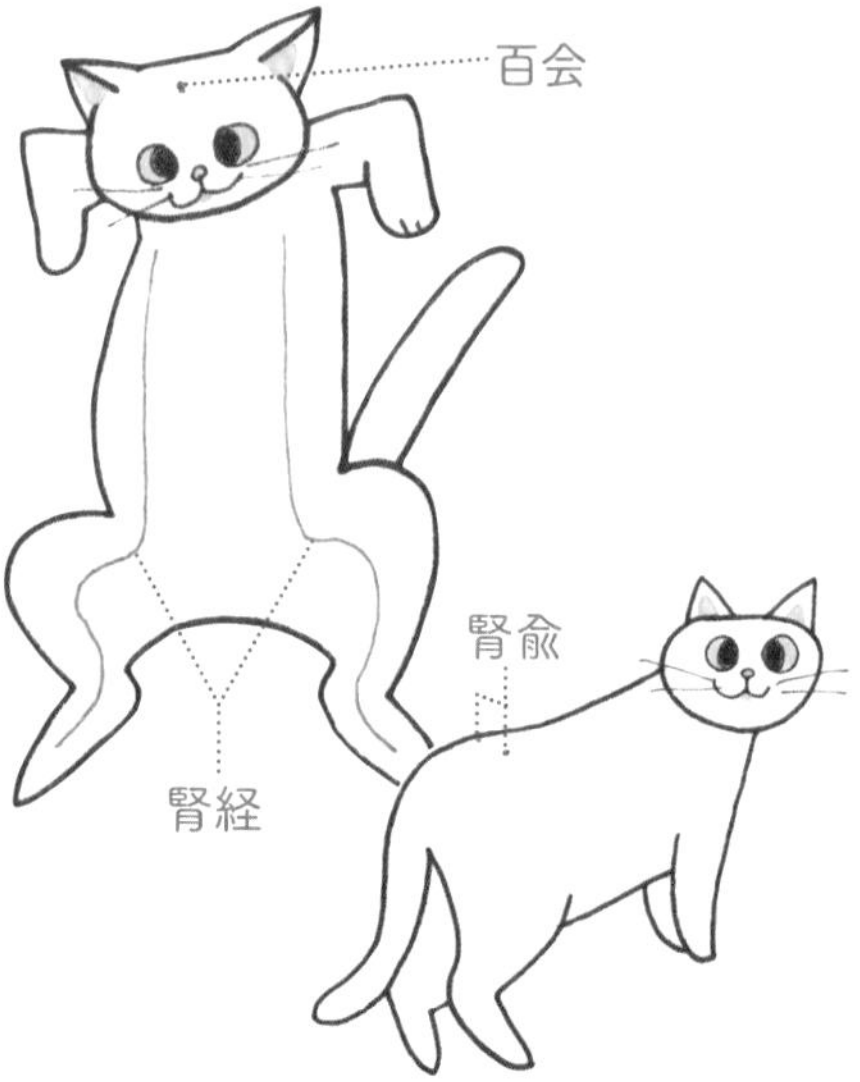

● 百会

頭頂部と腰にある（今回は頭の百会を紹介）。親指をあてて、左右の耳に向かってストローク

● 腎兪

腎臓機能＋精力増強に役立つツボ。一番後ろの肋骨の付け根の、背骨の山を２個後ろに下がった場所の左右にある。左右を同時に押さえながらもむ

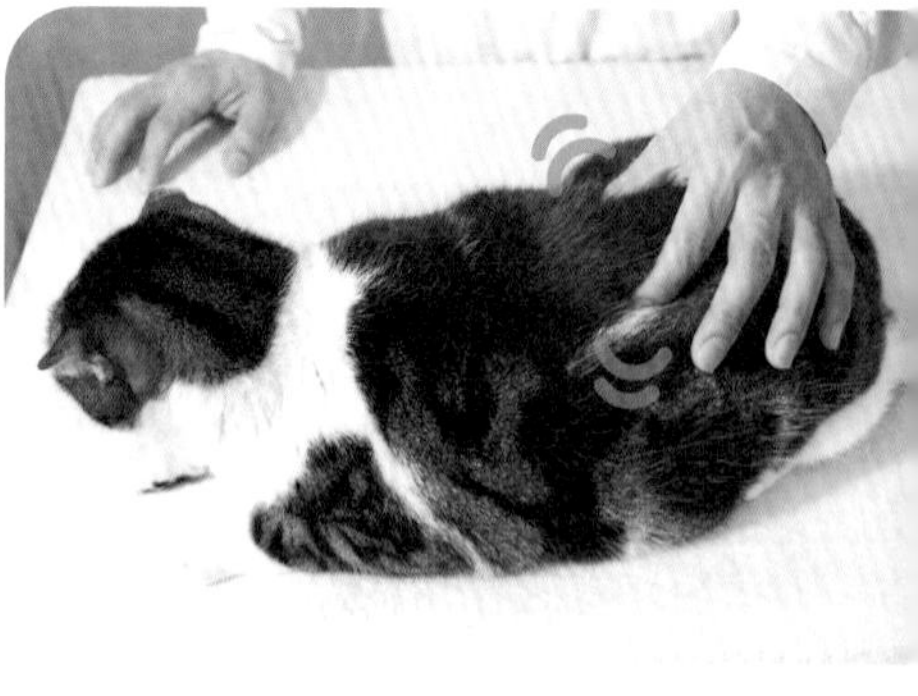

猫風邪

ただの風邪と侮っていると、慢性化してやっかいな病気を引き起こすこともあります。重症化しないよう早めの対処を心がけてください。ひきはじめに効果的なツボの1つが「風池」です。「風邪」は古くは「ふうじゃ」とも読みました。風池とは、まさに風の邪が溜まる場所であり、それを散らすことで風邪を退散させるのです。このほか、セキ止めにいい「廉泉」、鼻水、鼻詰まりに効く「山根」、「尾尖」などのツボがおすすめです。

効果的な経絡とツボ

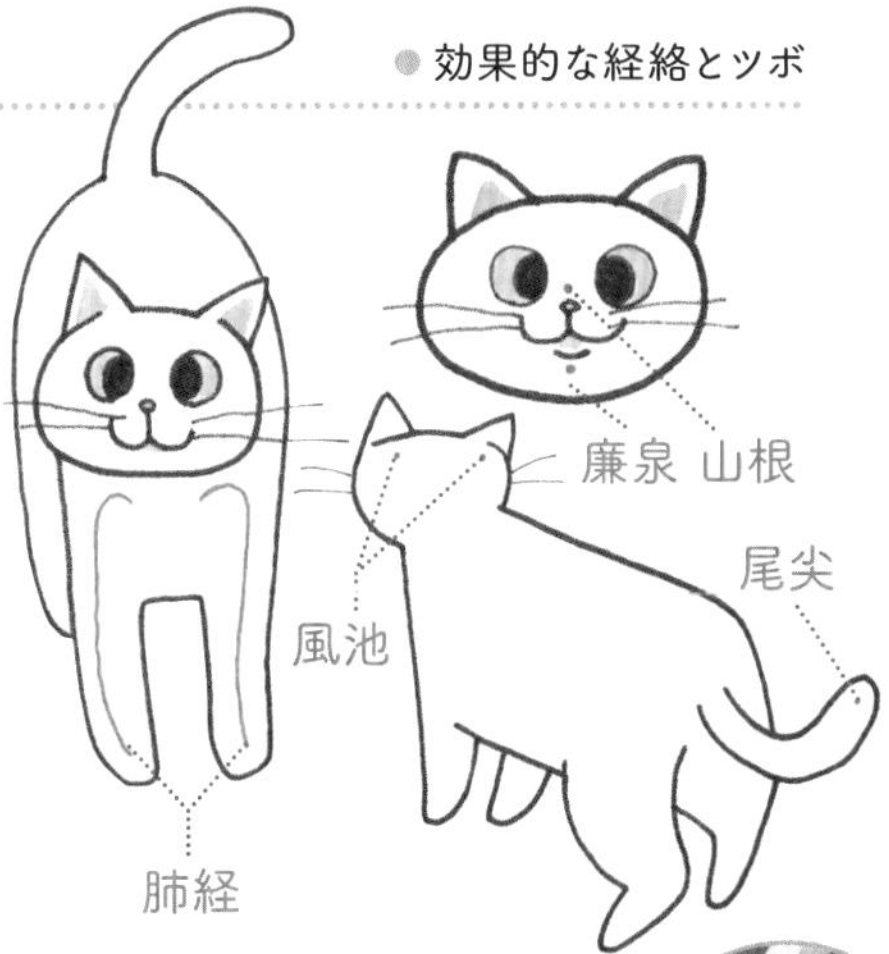

廉泉

あごの骨の下あたりを、1本指でストローク

風池

首の付け根、耳の後ろにあるくぼみを、悪い気を散らすようイメージしながらもむ

尾尖

しっぽの先にあるツボ。しっぽの根元を片方の手で掴み固定し、もう片方の手の指3本で先をつまむ。ツボの位置は、しっぽの長さには関係なし

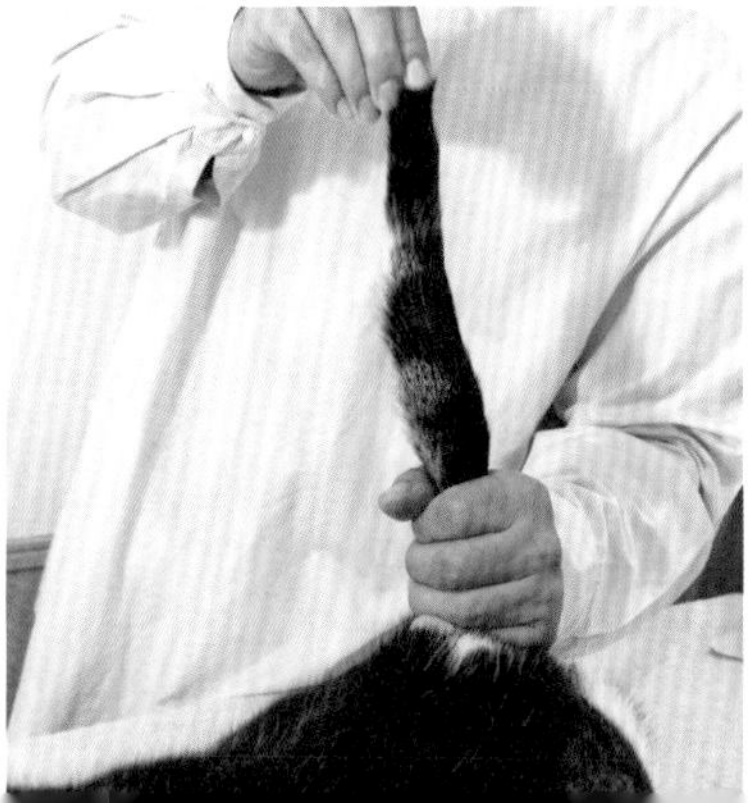

山根

鼻の毛の生えてない境から眉間に向けて、指先を上下に優しく動かす

知っとこ Column

猫を連れて引っ越しすることになったら？

引っ越し当日は預けておく方が安心。

もし猫と一緒に引っ越しすることになったら、引っ越し当日は業者の出入りや荷物の出し入れなどで煩雑になりやすいので、知人宅や病院、ペットホテルに預けるのが安心でしょう。特に警戒心の強い猫や高齢の場合などは、ストレスを受けやすいので注意が必要です。預けない場合は、思わぬ脱走を防ぐためにも引っ越し業者が来る前に必ずケージやキャリーケースに入れておきます。

新居に移動の際にはケージや安定感のある箱型のキャリーケースに入れ、トイレも用意しましょう。夏場などに長時間移動する場合は水も飲めるようにしておくとよいでしょう。移動中の温度管理もしっかりと。

新居に着いたら、まず脱走の危険がないことと室内の安全を確認した上で猫を放し、餌場とトイレをすぐに用意します。あとは、猫の好奇心に任せて好きなようにさせて見守りましょう。

- 当日は預けるのがベスト
- 預けない場合は事前に隔離を
- 移動中は水・トイレの準備、温度管理をしっかりと
- 新居では好きにさせて見守る

8

お手入れ

定期的なブラッシングなど猫にも欠かせないお手入れ。
スキンシップの延長で徐々に慣らしていきましょう。

ブラッシング

ブラッシングは皮膚を清潔に保ち、血行促進や触って嫌がる箇所があれば
病気の早期発見にもつながるので、毎日行うのが理想。

用意するもの

● 短毛種には…

スリッカーブラシ

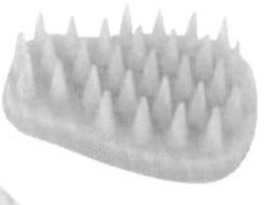
ラバーブラシ

● 長毛種には…

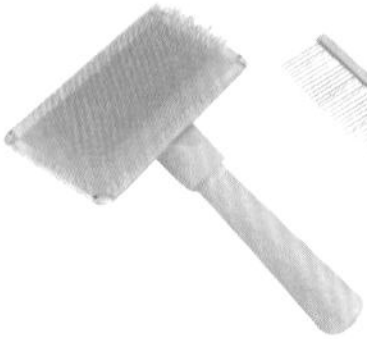
スリッカーブラシ

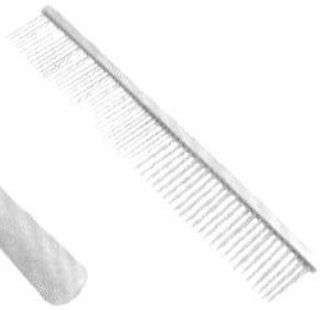
コーム

● 仕上げに…

獣毛ブラシ

「毛玉を吐く」ってどういうこと？

グルーミングで舐めとった毛は胃に入り、本来は消化管を移動してウンチと一緒に出ますが、胃の中の毛の塊を吐いてしまうことを「毛玉を吐く」といいます。ただ、すべての猫が吐くわけでも、その必要もありません。「吐く」という行為には何らかの原因があり、頻繁に吐く場合には獣医師に相談しましょう。➡ P56

血行促進や病気の早期発見にも

自分で毛繕い（グルーミング）していつも身綺麗にしている猫ですが、舌が届かない部分もあり、やはりお手入れは必要です。特に毛の抜け替わる換毛期（春先・秋口）や、長毛種は毛繕いだけでは間に合わないので、こまめなブラッシングを。定期的なお手入れは抜け毛対策だけでなく、血行促進や、猫が飲み込む毛を減らす効果もあり、触って嫌がる箇所などがあれば思わぬ病気の早期発見にもつながります。なお、ケガ防止のために事前の爪切りを忘れずに。

嫌がる猫には無理強いせず、まずは痛みや恐れを感じさせないようにスキンシップの延長で徐々に慣らすのがコツです。

苦手な猫はハンドグルーミングから

ブラシを警戒する猫にはまずはハンドグルーミングで慣らそう。猫がリラックスしている時に、手でマッサージするように背中を撫でるところから徐々に始め、自分でグルーミングしにくいあごの下や脇、顔回り、お腹や内股など全身を触って抜け毛を取っていく。手は毛が絡みやすいように常に湿らせておく。警戒しないようなら、仕上げだけでも獣毛ブラシをかけることができれば艶が出る。

濡れタオルで手をしっかり湿らせる。

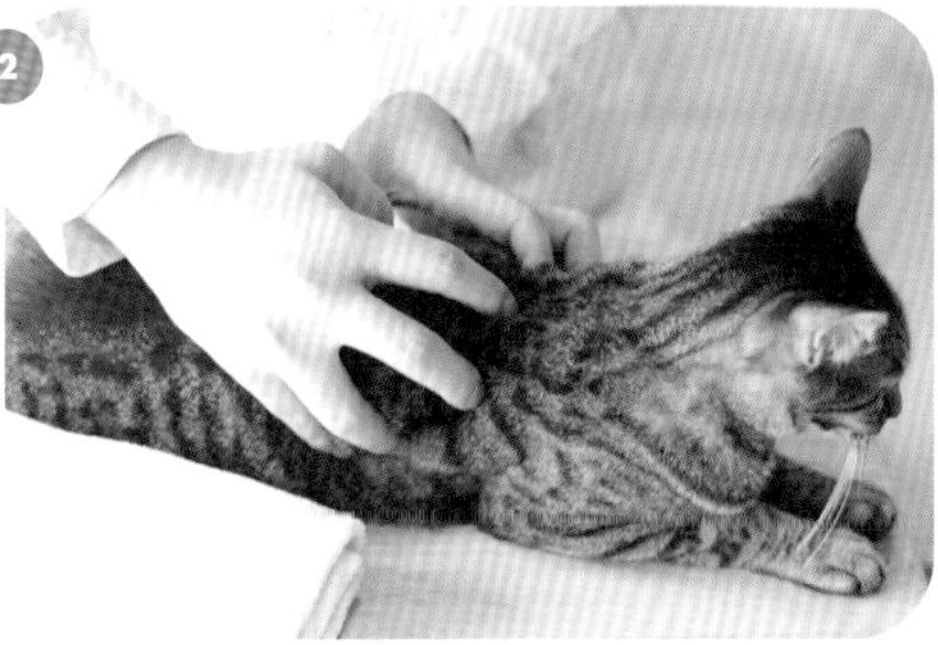

毛の流れに沿って背中を撫でるように手のひらでブラッシングする。

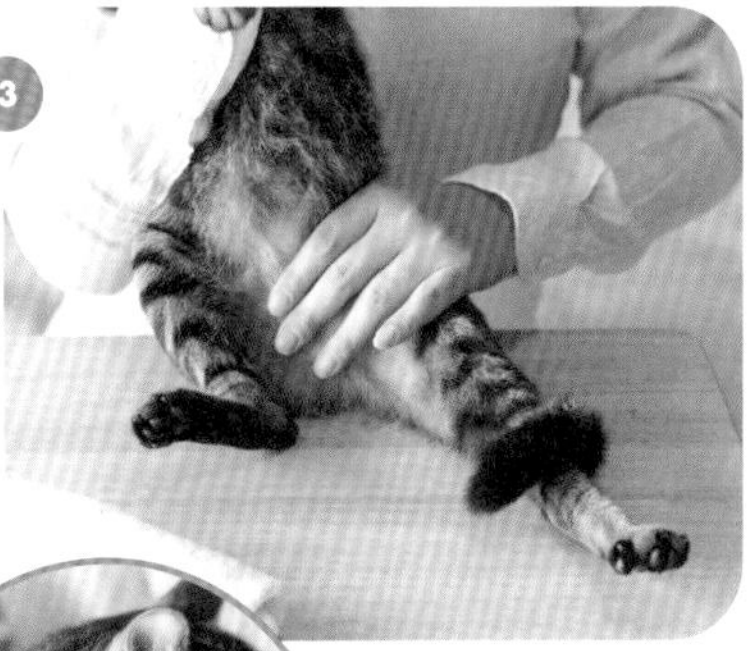

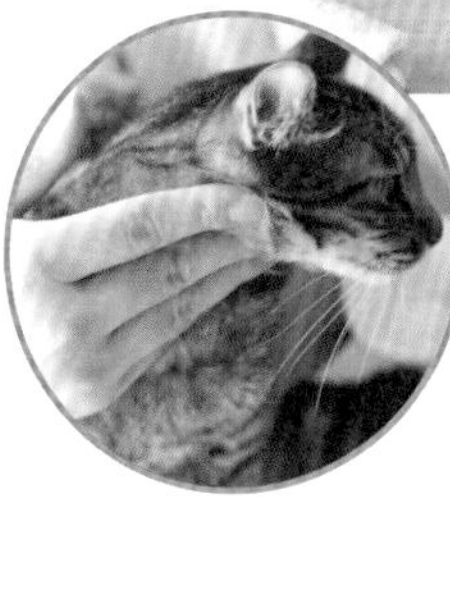

片手で上半身を起こしてお腹や脇の下も。自分でできない、のどや顔回りも。

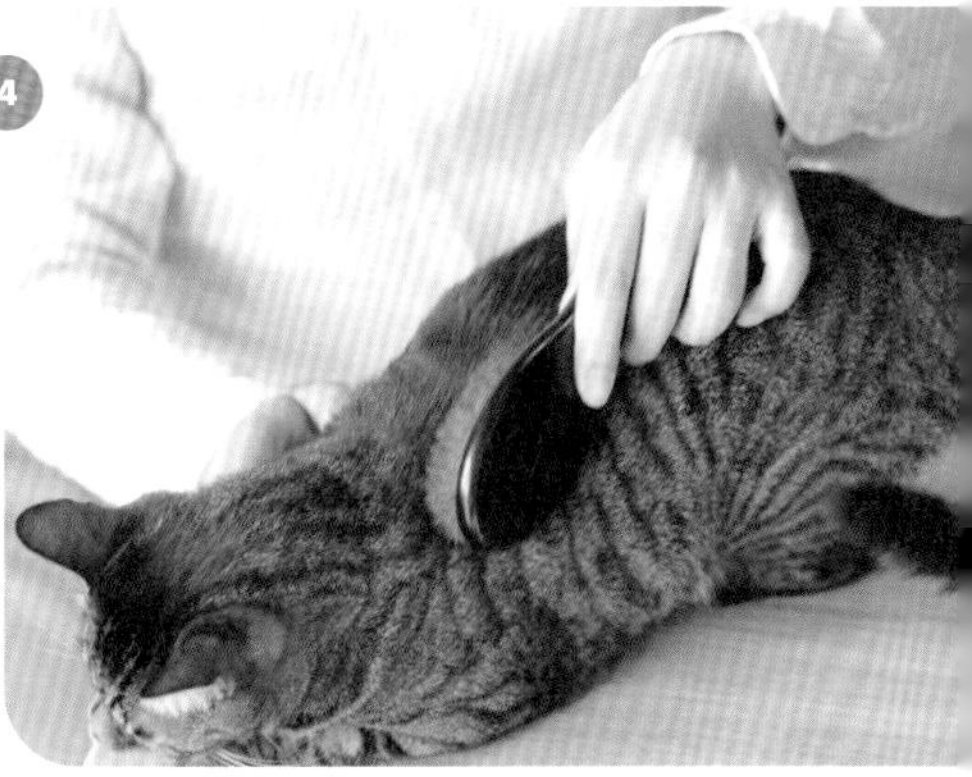

警戒しないようなら最後に獣毛ブラシをかければキレイに仕上がる。

短毛種

毛が短いので皮膚を傷つけないように

POINT

ブラシは軽く持ち、皮膚と平行にそっと滑らせること

親指・人差し指・中指で軽く持ったブラシを皮膚と平行にし、毛の流れに沿うように当てる。毛の根本までブラシは入れても皮膚をこすらないこと。滑らせるように梳《と》かすのがコツ。

背中

猫がリラックスしている時にスタート

1

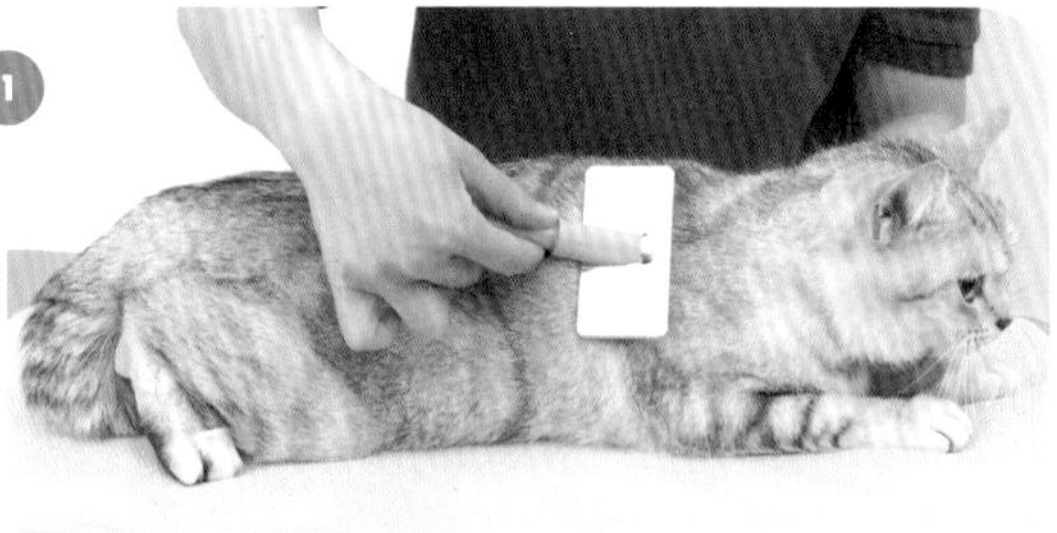

まずは背中から。肩を上から軽く押さえるとやりやすい。

2

首元から腰へと毛の流れに沿ってブラッシングを繰りかえす。

お腹　家族がいれば2人がかりで仰向けに

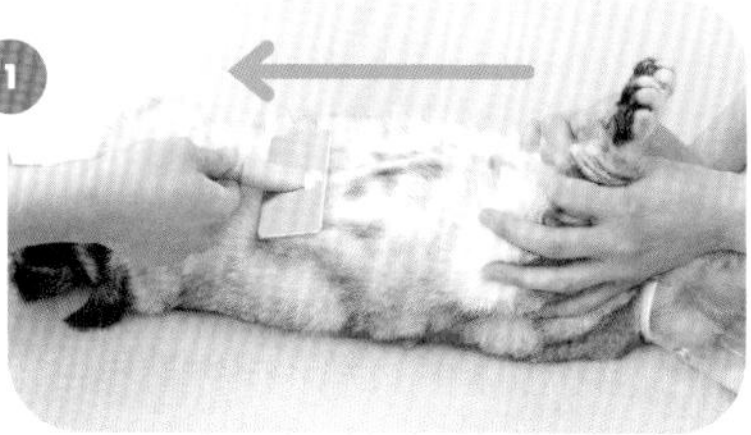

ひとりが上半身を持ち、もうひとりがお腹を梳かす（ひとりの場合も寝かせるか、上半身を起こしてやる）。

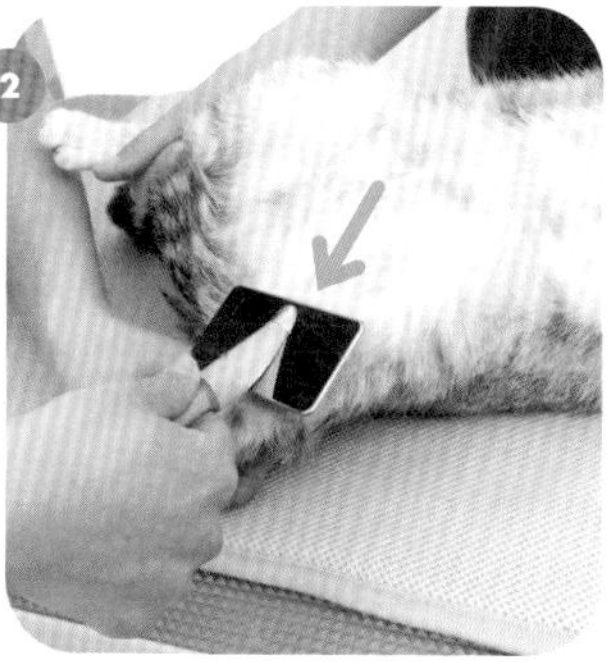

擦れて毛玉になりやすい内股も、足の付け根から丁寧に梳かす。

首〜胸　声をかけて緊張をほぐしながら

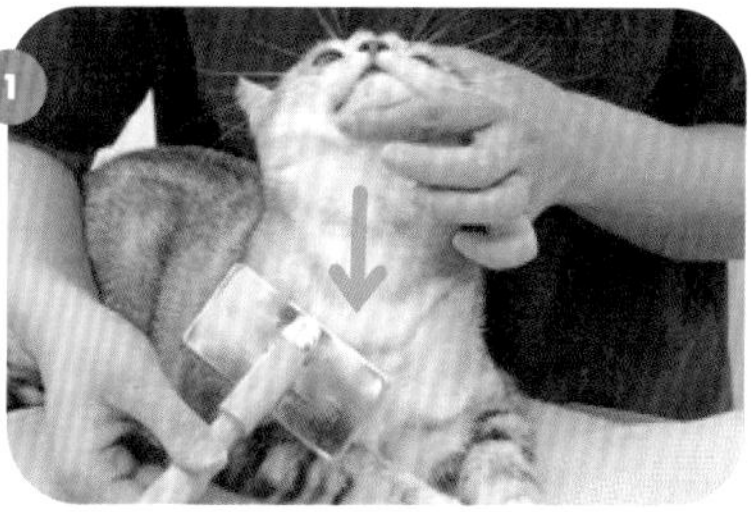

あごの下から胸に向かって梳かす。噛まれないようあごは押さえておく。

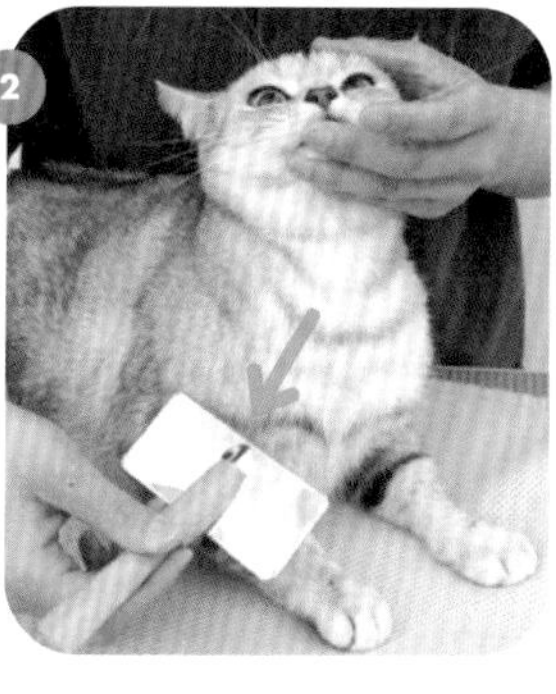

猫が緊張しやすいポーズなので、無理に引っ張らず優しく声をかけながらやる。

完成

＼ピカピカ ツヤツヤ／

短毛種でもこんなに取れました

しっぽ　裏側もしっかり

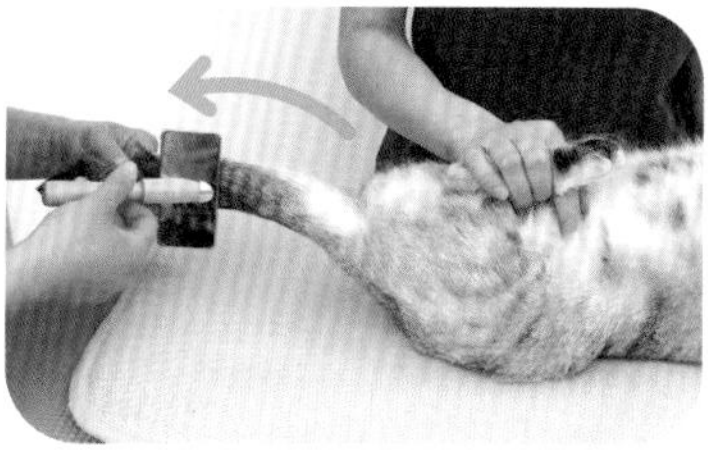

表だけでなく裏側も細い毛が密集しているので忘れずに梳かす。

長毛種

ほつれ毛は手でほぐして
コームをかける

背中　猫がリラックスしている時にスタート

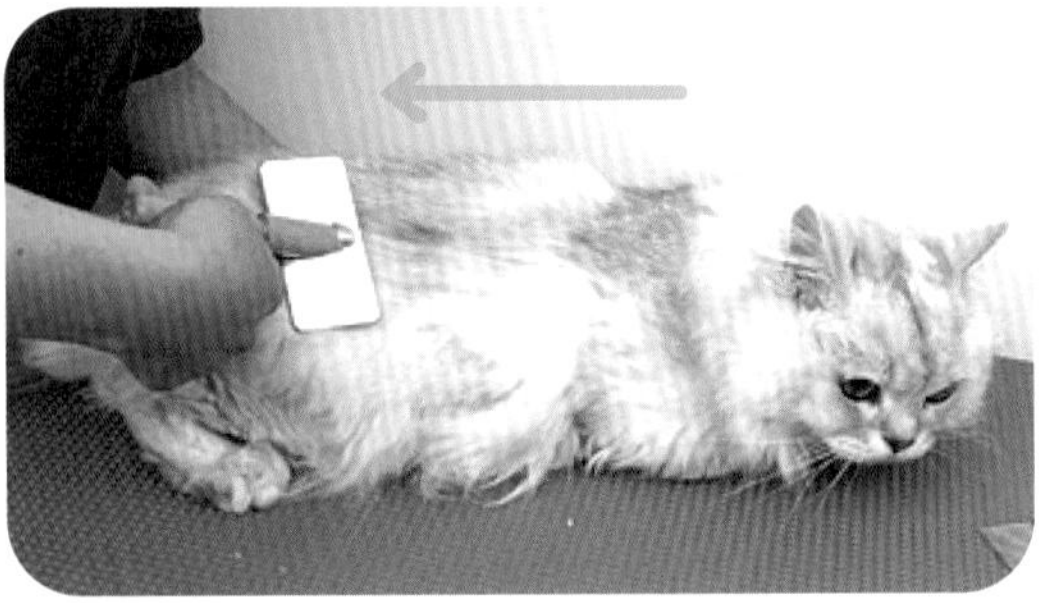

1

まずは背中から。首元から腰に向かってブラシを滑らせる。

2

数回で大量の抜け毛が出るので、こまめにブラシの抜け毛を取りながらやる。

お腹　足の付け根は慎重に

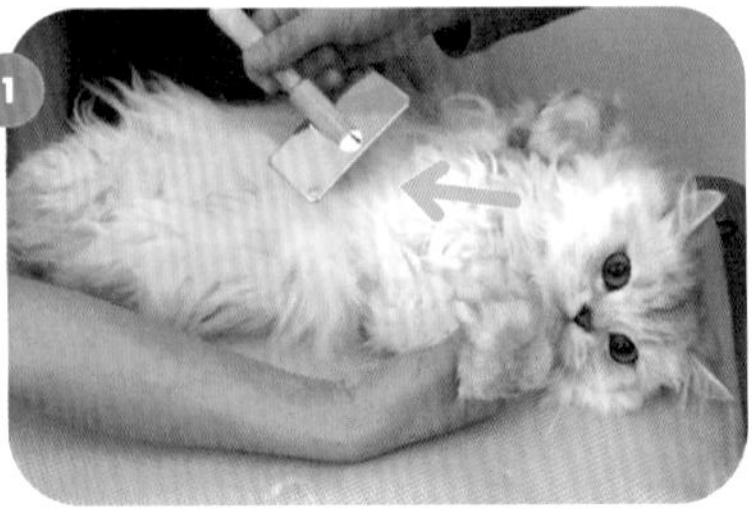

2人がかりで猫を仰向けにし（ひとりの場合は寝かせるか上半身を起こす）喉元からお腹を梳かす。

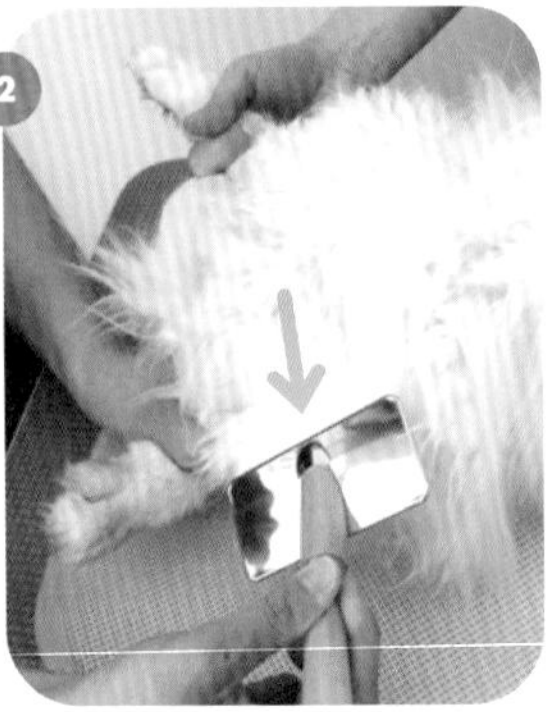

足の付け根は毛の流れが複雑なので、ブラシをそっと縦横、時には毛に逆らって解きほぐす。

首〜胸　無理に引っ張らず優しく

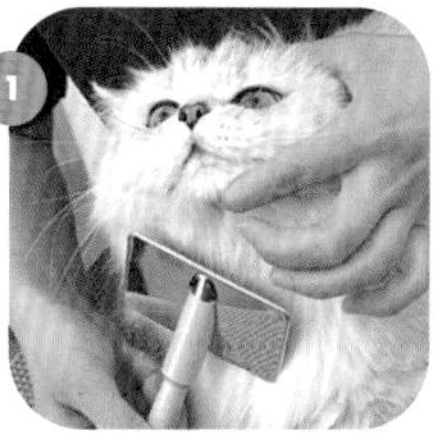

あごを上げたまま、のどから胸に向かって梳かしていく。

無理に引っ張らずゆっくりと。ほつれていたら手でほぐしコームを入れる。

POINT

左手で顔を挟むように持ち、人差し指で軽くあごの下を押さえておく。

しっぽ　丁寧に拭き取りを

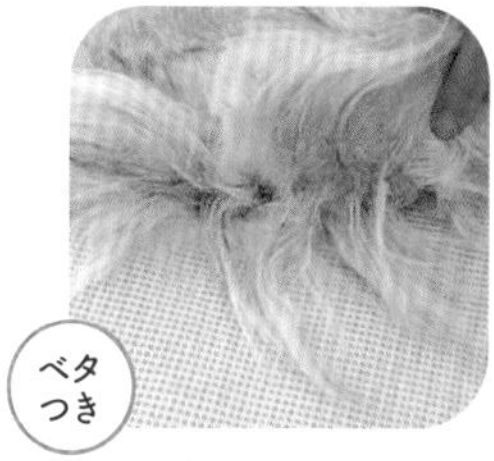

脂漏症でしっぽの根本がベタついていることも。

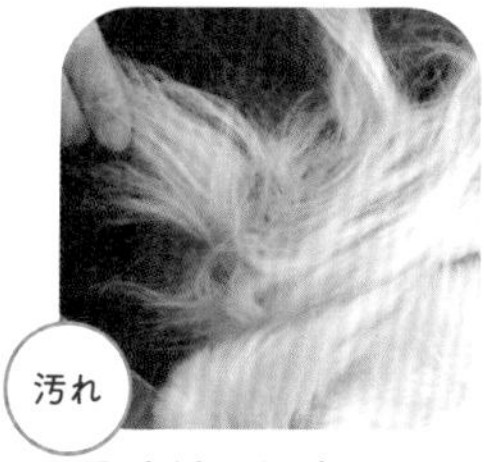

長毛種の場合、お尻回りが便で汚れていることも。

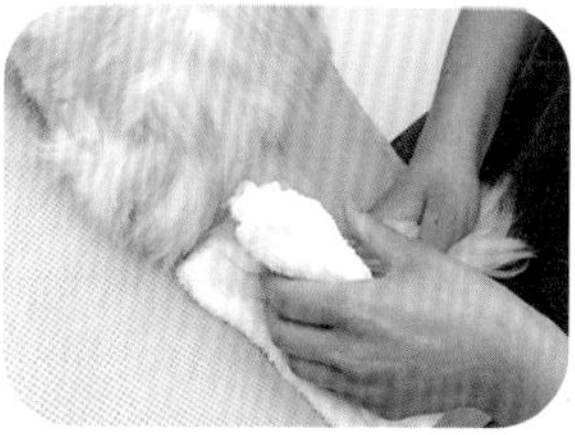

短毛種同様にブラッシングした後、濡れタオルで優しく拭いて清潔に。

毛玉　重症毛玉は獣医師やトリマーに委ねること

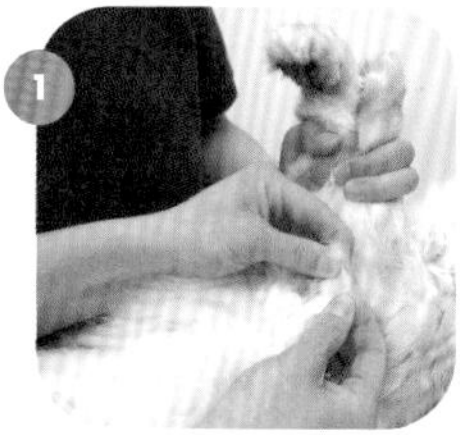

毛玉を手でほぐし、縦にいくつか分けて裂いていく。

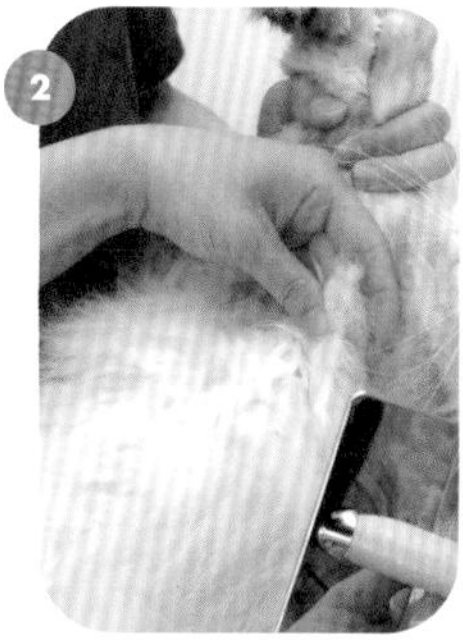

スリッカーブラシを細かく動かして解きほぐす。

ほぐれない場合は皮膚を傷つけないよう注意して毛玉の根本をはさみでカット。

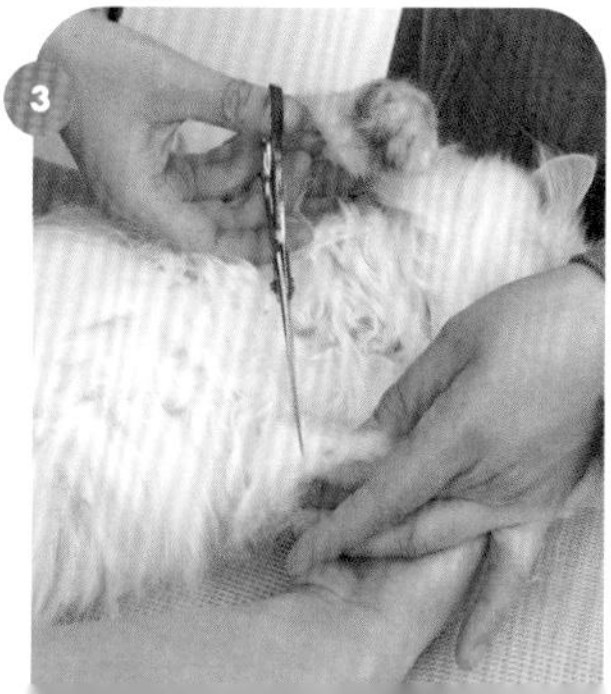

爪切り

爪切り嫌いの猫は多く、本来は爪とぎによって古い爪をはがせるので必要ないが、老齢になると必要な場合も。

本来猫は爪とぎによって古い爪をはがせるので爪切りは必要ないが、家具の爪とぎ被害や人間のケガ防止、またシニアになって自分でとげなくなった時などのために慣らしておくとよい。ただ、爪切りを極端に嫌う猫は多いので、一度に切ろうとせずリラックスしている時に1本ずつ切るなどの工夫を。家族がいれば抱っこしてもらっている間に切るとスムーズ。ひとりの場合は膝に抱くか、後ろから抱きかかえるようにする。

用意するもの

猫専用の爪切りはさみ

POINT

血管の数ミリ手前に狙いを定める

猫の爪は薄い層になっていて、一番外側が古いもの。猫の指先を押さえて、出てくる爪をよく見るとうっすら血管が通っているのが見えるはず。この血管の数ミリ手前に狙いを定めて切るのがポイント。

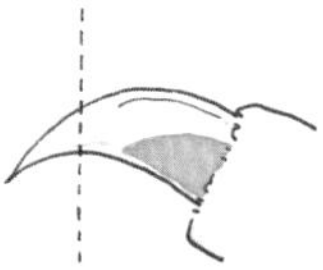

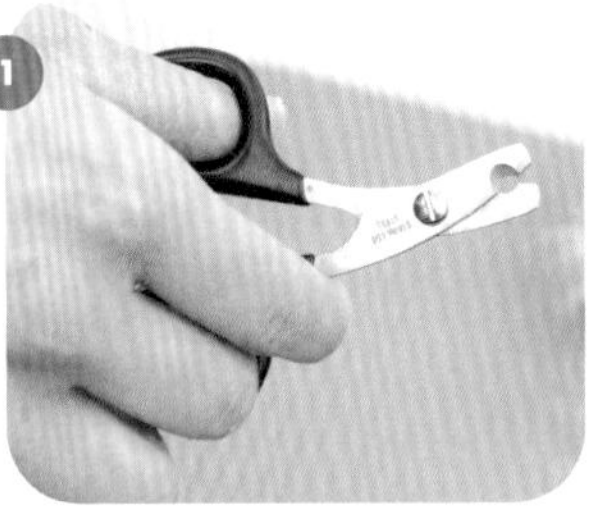

刃がカーブしている方が上になるように持つ。

指先と肉球を後ろに引くようにそっと押して爪を出す。

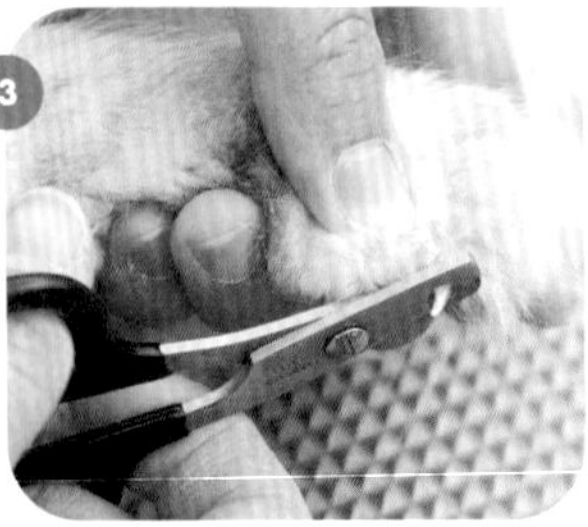

血管の数ミリ手前に狙いを定めてはさみを当てる。

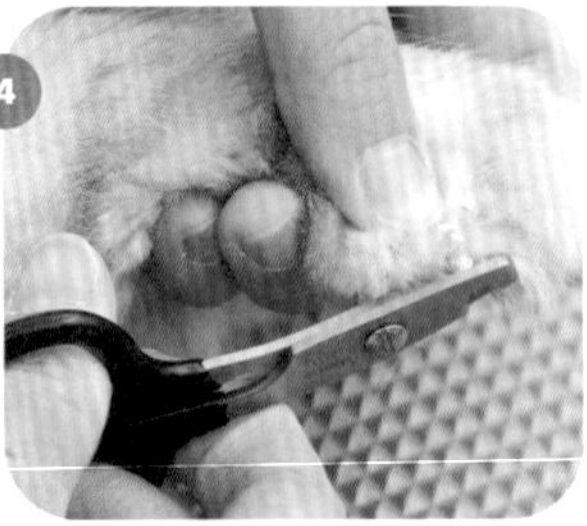

爪の先をカット。大丈夫そうなら次へ。

目

デリケートな部分なので、眼球に触れないように優しくケアしよう。
異常がないか、チェックもかねるとよい。

用意するもの

コットン

スキンウォーター
（あれば）

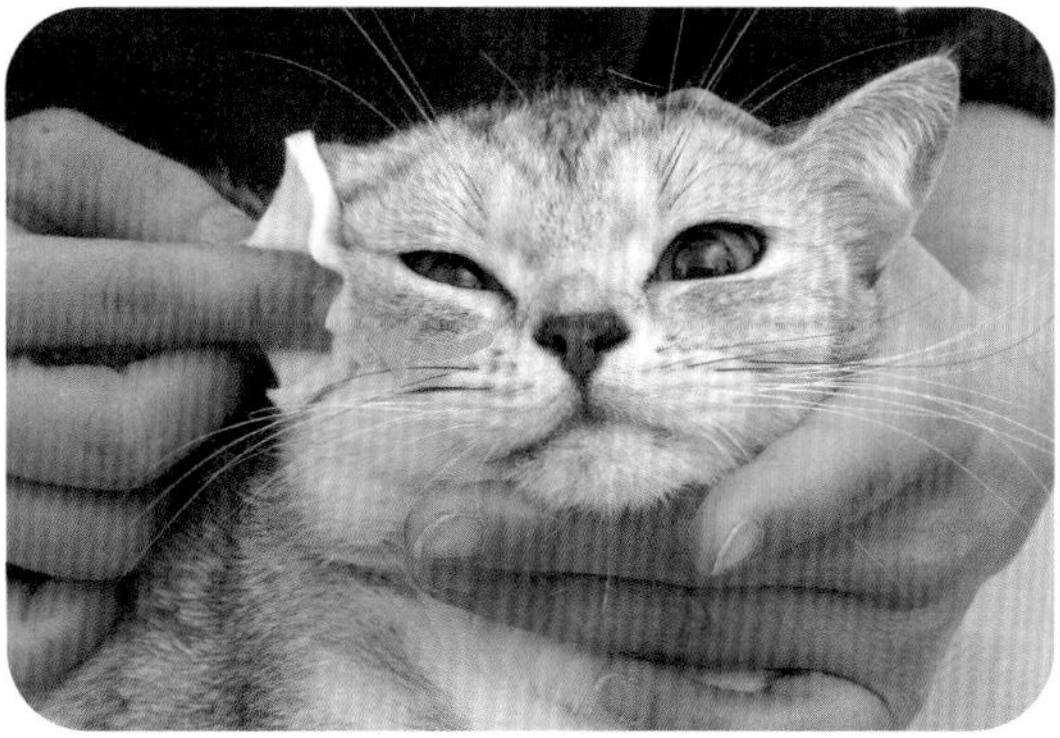

コットンにスキンウォーターか水を含ませ、眼球に触れないように目頭から目じりへそっと拭き取る。目ヤニが大量に出るなど、目元に異常が見られた場合はすぐに病院へ。

耳

拭き取りは耳の溝の手前まで。目と同様、
デリケートな部分なので綿棒などは使わないこと。

用意するもの

ガーゼ

イヤー
ローション

人差し指にガーゼを巻きつけローションで濡らす。耳をめくり溝の手前までの汚れを拭き取る。猫は耳道が細く傷つきやすいので綿棒は使わないこと。汚れがひどい場合は外耳炎の可能性もあるので病院へ。

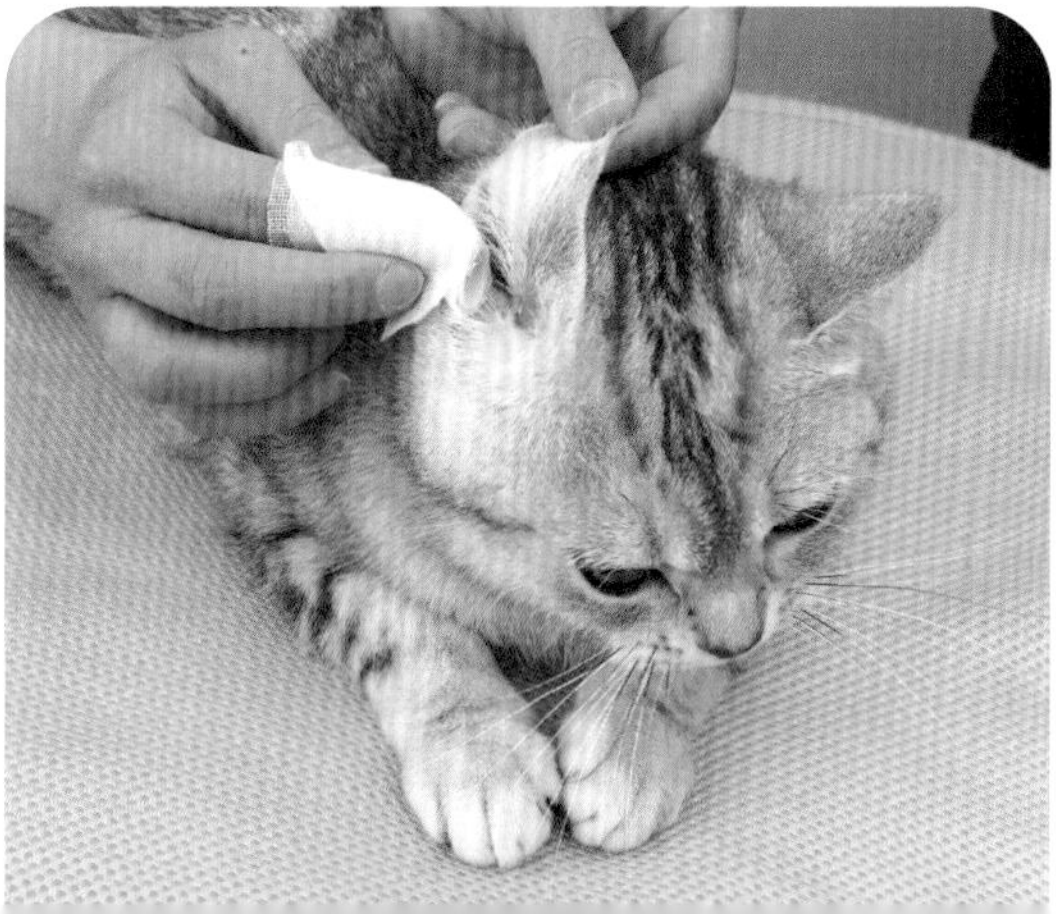

歯みがき

歯みがきも嫌がる猫が多いが、猫は口腔内のトラブルが起こりやすいので習慣付けよう。

口腔内のトラブルは猫に多く、主に歯と歯肉の間に溜まった細菌の塊（歯石）ができることで起こる。歯周病や虫歯になると口臭がひどくなりフードが食べられなくなるだけでなく、全身をむしばむ感染症も引き起こしかねないので、週に1回程度、歯みがきシート（右）などでの歯みがきが理想。歯石除去は病院で全身麻酔をかけることになる。さまざまなデンタルケアグッズがあるので、獣医師の薦めるものを選ぶようにしよう。

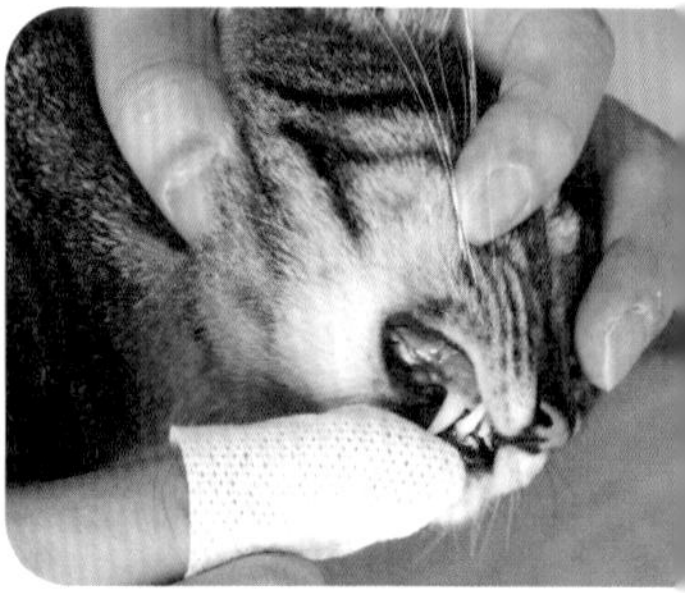

片手で頭を包み込むようにし、上唇を指でめくり上げるようにして口を開け、シートを巻きつけたもう片方の手の指で歯の表面を優しく磨く

POINT

歯みがきが苦手な猫は何らかのデンタルケアを

さまざまなデンタルケアグッズ

歯ブラシ

ヘッドが小さく猫用に設計された歯ブラシ。人間用は歯茎を傷つける可能性があるので使わないこと。

歯みがきペースト

猫が好む鰹節のフレーバー付きペースト。ペーストも必ず猫用のものを使用すること。

フィンガー歯ブラシ

ブラシを嫌がる猫にオススメな指サック型。ウェットタイプの歯みがきシートを指に巻いても OK。

液体歯みがき

食後、奥歯に数滴垂らすだけでオーラルケアができるジェルタイプの液体歯みがき。

マウスクリーナー

口を触られるのも極度に嫌がる猫には、水に混ぜるタイプなら気づかれにくい。

食事に混ぜる顆粒

マグロ味の顆粒をフードにかけるだけで、配合された乳酸菌などが口内環境を清潔に保つ。

歯みがきおもちゃ

猫が遊びながら噛むことで、歯垢を取れやすくする。

＼ 他にも… ／

継続的に与えることで、独特の形や噛みごたえで歯垢を落としやすくする歯みがきスナックやジャーキーなどのおやつタイプも。

シャンプー

本来猫は水が嫌いなので短時間で手際よく済ます。
シャンプー剤の洗い残しにも要注意。

用意するもの

基本的に猫は自分で毛繕いしてキレイにするので、体臭もほとんどなくシャンプーの必要はないが、万が一汚れてしまった場合や、皮膚病にかかりやすい猫は予防のために必要になることも。本来猫は水に濡れるのを嫌うため、長時間の拘束は難しいことを理解して。シャンプーが苦手な場合は温かい蒸しタオルで全身を拭くだけでもキレイになる。

1

たらいにぬるま湯を用意し、猫の首から下にそっとお湯をかける。

2

体全体を濡らしたら、シャンプー剤を泡立てて体をマッサージするように洗う。

3

顔が濡れないように注意する。首回りは汚れやすいのでしっかり洗うこと。

4

脂っぽくなりやすいしっぽやお尻も入念に洗ったらシャンプー剤を洗い流す。

5

シャンプー剤が残らないようキレイに流したら、手で全身の水分を絞りとる。

6

ドライヤーを嫌う猫は、キッチンペーパーで押さえてからタオルで拭くと乾きが早い。

POINT

洗うが３割、流すが７割。洗い残しがないように

シャンプー剤が毛に残っていると、毛繕いした際に中毒を起こす危険も。嫌がる猫には最初からシャンプー剤を薄めて使うようにする。濡らす前にブラッシングも済ませておくとよい。

知っとこ Column

海外にはペットショップが無い?!

保護猫を迎えるという選択肢を

動物愛護先進国といわれる欧米には、日本のように犬や猫が展示販売されるペットショップはほとんどありません。イギリスではペットショップでの生体展示販売は禁止、フランスでも2024年に正式に法律で禁止されました。犬や猫と暮らしたい人は、直接信頼できるブリーダーを訪ねるか、動物保護団体などが運営するシェルターで出会う形が一般的となっています。

日本でも、ようやくこの10年で犬や猫の殺処分数が20万頭から14,457頭にまで減ったものの（令和3年度）、虐待や遺棄、多頭飼育崩壊などで保護される個体が後を絶たないのも事実で、繁華街やショッピングモールなどに行けば、モノのように値札を付けられた無邪気な子犬や子猫がショーケースに並び、ペットショップでの生体販売が、今なお安易な衝動買いや飼育放棄を生み出す温床となっています。また、生体の仕入れ先の中には、劣悪環境で子犬や子猫を大量生産する「パピーミル（子犬工場）」の存在や、不要な繁殖犬や猫、売れ残った生体を、生かさず殺さずの飼育環境で引き取る「引き取り屋」の暗躍など、日本のペットショップを取り巻く環境は、大きな闇も孕《はら》んでいるのです。

近年では、全国の動物愛護センターも明るく様変わりし、気軽に訪ねられる雰囲気に変わってきていますし、保護猫カフェやシェルターに行けば、個性豊かで魅力的な猫たちが、あなたとの出会いを待っています。新たな家族を迎える際には、ペットショップではなく、ぜひ「保護猫を迎える」という選択肢を選んでほしいと心から願います。

9

病気の早期発見のために

愛猫に生涯健康でいてほしい……それは飼い主誰もが願うこと。
そのためにも病気の早期発見が何よりのカギです。

信頼できるホームドクターを見つけよう

愛猫の健康維持のためには、動物病院との連携も重要な要素。
そのために、まずは信頼できるホームドクターを探そう。

病院選びのポイント

1. 猫の扱いに慣れており、診察が丁寧
2. 猫が好きで知識と経験が豊富
3. 院内が常に清潔できちんとしている
4. 説明が明確で分かりやすく治療に納得できる
5. 獣医師と相性が良く、長く付き合えると思う

他にも… ちょっとした相談にも気軽に応えてくれる／治療費を明確に提示してくれる／家からも遠すぎず通いやすい／口コミでも評判が良い／セカンドオピニオンも積極的に受けさせてくれる　など

日頃から信頼関係を築いておく

ホームドクターとは「かかりつけ医」のこと。いざという時に慌てて駆け込むのではなく、日頃から信頼関係を築き、愛猫の健康管理やトータルケアを任せられる獣医師を見つけることが、飼い主の務めでもあります。

病院選びのポイントはいくつかありますが、すべてを満たす病院は残念ながらなかなかないかもしれません。最終的には愛猫に万が一のことがあった時に後悔を残さないように、飼い主であるあなたが「この先生にならこの子の命を預けられる」と思えるかどうか。そのためにも治療には積極的に参加し、不安に思うことや納得がいかないことがあれば獣医師と常にコミュニケーションを取ることが大切です。

上手な受診方法

病院に行く際には、いくつか気を付けたいことがある。
愛猫への配慮だけでなく、病院でのマナーも大事にしよう。

通院のストレスを減らす

猫にとっては病院だけでなく往復の移動もストレスになりかねない。キャリーケースに目隠しをする、移動中の温度対策を万全にするなど、急激な変化を感じさせないようにする工夫を。またキャリーを嫌がる場合は、日頃から猫が自由に出入りできるようにしておき、通院の際もさりげなく入れるようにすると警戒されにくい。

キャリーケースに入れる

受診の際は必ずキャリーケースに入れていこう。思いがけない脱走防止のためにも、診察までキャリーから出さないこと。また、病院にはさまざまな症状の動物が来院している。猫をうかつにキャリーから出したり、来院している動物を勝手に触ったりして迷惑にならないように心がけるマナーも大事。

症状の説明は明確に

いざ獣医師に症状を伝えようにも慌てていては正確に伝わらない。食事量・排泄量の変化、症状が出てからの変化など、わずかな変化も見落とさないように日頃から猫をしっかり観察し、異変を感じたらメモを取っておくと適切な治療の助けになる。言葉や数値での説明が難しい行動や動作の異変は、携帯電話やカメラなどで動画撮影しておくと、客観的な判断材料になる。

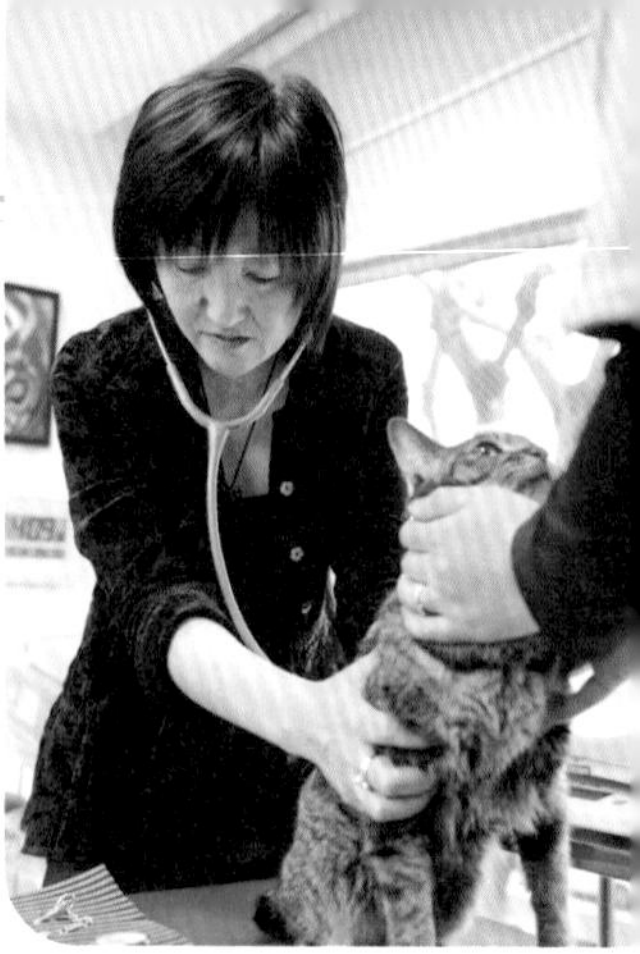

年に1度は健康診断＆ワクチン接種を

完全室内飼いでどんなに元気な猫でも、年に１度は
健康診断とワクチン接種を行うことが、
病気の早期発見と健康維持には欠かせない。

➡ 健康診断の主な内容

問診 ● 飼い主しか知らない普段の様子や日常生活の異変が診断材料の１つになる。

体重測定 ● 過去の測定からの推移で大幅な増減がないか確認する。

身体検査 ● 体のどこかに異常がないか触診や聴診でくまなくチェックする。

血液検査 ● 血液を採取してホルモンや内臓の異常、感染症の有無などをチェックする。

尿・便検査 ● 膀胱炎や腎不全は尿検査、寄生虫感染や腸内細菌などは便検査で確認。

レントゲン検査 ● 触診では分からない臓器や骨格の異常を検査する。

心電図検査 ● 不整脈や心肥大などの疑いを心臓の動きを電気信号で確認してチェック。

超音波検査 ● レントゲンで判断が難しい臓器の状態や腫瘍の有無などを確認。

室内飼いでも油断大敵

健康でも、年に1度は健康診断を受けておくことが病気の早期発見や予防につながり、健康維持のためには欠かせません。健康で若い猫の場合は1年に1回を目安に、8歳を過ぎたシニア猫や過去に治療歴のある猫、現在治療中の猫は獣医師と相談しながら定期的に診断を受けておくとよいでしょう。

ワクチンで防げる病気（左頁）もあるので、毎年ワクチン接種することも大切。健康診断時、または猫の誕生月などに合わせて行うと忘れにくいでしょう。完全室内飼いの場合でも、万が一の脱走で感染してしまうケースや飼い主が外から病原体を持ち帰って猫に感染してしまうケースなどもあるので油断は大敵です。

ワクチンで防げる病気

ワクチンは、接種することで伝染病に対する免疫を人工的に付けることが目的。抵抗力を付けることで、感染しても発病を未然に防ぐ、または万が一発病した場合でも重症化を防ぐことができる。現在最も一般的に接種されているのは「猫ウイルス性鼻気管炎／猫カリシウイルス感染症／猫汎白血球減少症」の３種類がひとまとめになった３種混合ワクチン。それに「猫白血病ウイルス感染症／猫クラミジア感染症」を追加した５種混合ワクチン、単独で「猫免疫不全ウイルス感染症」ワクチンなどもあり、選択は獣医師と相談するとよい。

猫ウイルス性鼻気管炎	感染した猫のくしゃみなどから飛沫感染する。発熱・くしゃみ・鼻水・目ヤニなどの症状で、子猫や老猫は死に至ることも。
猫カリシウイルス感染症	初期症状は猫ウイルス性鼻気管炎と類似している。口内炎や舌炎ができ、放置すると肺炎から死に至ることも。
猫汎白血球減少症	別名・猫伝染性腸炎。感染した猫の排泄物などから感染する。高熱や激しい下痢、白血球の急激な減少など。特に子猫は致死率が高い。
猫白血病ウイルス感染症	唾液や血液感染、もしくは母子感染。白血病やリンパ腫、免疫不全などを起こし、発病すると回復しない。
猫クラミジア感染症	「クラミジア」という病原体が目や鼻から入り感染する。結膜炎・くしゃみ・鼻水・口内炎・舌炎など、粘膜に炎症を起こす。
猫免疫不全ウイルス感染症	猫エイズ。主に喧嘩などの血液感染や母子感染。免疫機能の低下で口内炎や鼻炎などさまざまな慢性症状や悪性腫瘍にかかりやすくなる。

子猫のワクチン接種はなぜ２回？

母乳を飲んで育った子猫は、病気の抗体を母猫からもらっているが（移行抗体）、その効果は生後２～３ヶ月で切れてしまうので、その頃を見計らって最初のワクチンを打つ。その１ヶ月後に再度接種すれば、より確実に免疫を付けることができるため。

病気のサインを見逃さないために

猫の病気は早期発見・早期治療が鉄則。そのためにも日頃から愛猫のちょっとした変化や病気のサインを見落とさないことが大切。

早期発見・早期治療が鉄則

見るからに具合の悪そうな状態は、人間でいうとかなり病気が進行している重篤な状態。猫の病気は早期発見・早期治療が鉄則です。

手遅れになる前に少しでも早く手を打つためにも、日頃から猫の健康状態を把握しておきましょう。そのために大切なのは飼い主の観察力です。こまめに愛猫を観察し、普段と様子が違う場合には獣医師に相談しましょう。体重・食事量・飲水量・排泄物の変化も大きな手がかりになります。定期的な体重測定をはじめ、毎日の給餌量を量る習慣を付けましょう。日々のスキンシップで体を触って、張りやしこりがないか、触られて嫌がる箇所がないかなど、さりげなく調べることも大切です。

気づいてあげたい10のサイン

1 不適切な排尿（便）行動

- 姿勢がいつもと違う
- 排泄時間が長くなる
- 尿／便の色や量がいつもと違う（血が混じるなど）
- 苦しそうな声を出す
- 猫砂の固まり方がいつもと違う
- 回数が多い／少ない

➡ P64～

2 交流の変化

- 触られるのを嫌がる
- 走り回らなくなった
- あまり遊ばない

3 外見の変化

- 外傷・汚れ・悪臭がする・腫れやしこりがあるなど
- 正常に歩かない（足をひきずる、かばう部分がある）
- 動かずうずくまっている
- 目に生気がない

4 睡眠時間の変化

※猫の平均睡眠時間は 1 日合計 16 ～ 18 時間

- 今までより長くなった
- あまり寝ていない

5 水や食事の摂取量の変化

- 水を多く飲むようになる
- あまり食べたがらない
- 過食になる

6 口腔内の変化

- 息が臭い
- 噛みにくそうにする
- よだれが出る
- 飲み込めない

7 グルーミングの変化

- 毛艶がなくなる
- グルーミングをあまりしない
- 過度なグルーミングによる脱毛が見られる

8 行動の変化

- 陰に隠れて出てこない
- 嘔吐
- 逃げるようになる
- トイレ以外で排泄する

9 鳴き声の変化

- 大声で鳴く
- 理由もなく鳴く

10 原因のよく分からない体重の減少／増加

※基準は 1 歳時の体重 ➡ P32

＼ 他にも… ／

- 体温の変化（平熱約 38.5℃。耳で測るデジタル体温計が便利）
- 心拍数の変化（通常 150 ～ 180 ／分。寝かせて脇の内側あたりに手を当てて計る）
- 呼吸数の変化（通常 20 ～ 30 回／分。胸やお腹の上下の往復で 1 回とカウント） など

当てはまる場合や少しでも不安を感じたら病院へ！

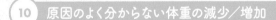

薬を処方されたら

病院で薬を処方されたら、指示されたタイミングと量を守って投薬しよう。
猫がストレスを感じる前に手早く済ませるのがコツ。

錠剤

1 片手で顔を上向きにし、親指と中指で両方のひげの後ろあたりを軽く挟んで口を開ける。

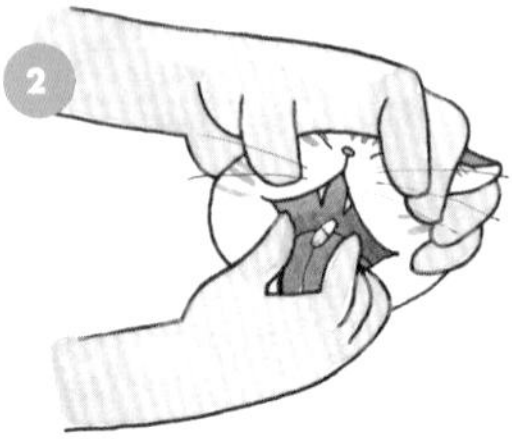

2 もう片方の手ですばやく舌の付け根に薬を落として口を閉じる。

3 鼻先を水で濡らせば鼻を舐めて同時に薬を飲みこんでくれる。

目薬

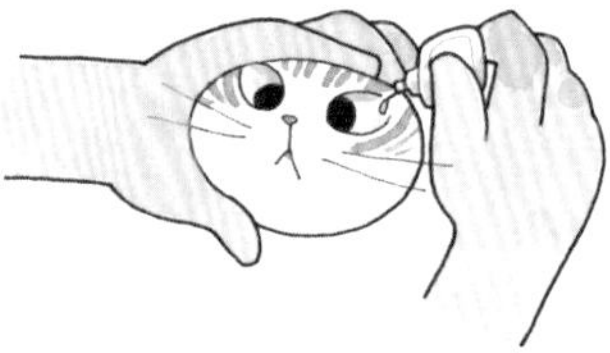

片手で顔を固定したら、もう片方の手で目薬を持ち眼球に垂らす。目尻の方から差すと警戒されにくい。

液剤

顔を上に向け、口の端からシリンジを差し込んで飲ませる。

病院で薬を処方されたら、指示されたタイミングで与えること。猫がストレスを感じる前に一瞬で済ませるのがポイントです。一度嫌な経験と認知してしまうと次回から察知して手こずることもしばしば。また、猫によってはフードに混ぜれば一緒に食べてくれる場合や、シロップだと飲んでくれる場合など個体差があるので、事前に分かる場合は獣医師に相談するのがよいでしょう。家族がいる場合は、ひとりが体を固定しひとりが投薬するとスムーズです。

気を付けたい病気

病気の中でも、「猫から人にうつるもの」や「猫がかかりやすいもの」などには特に気を付けたい。ここではその代表的なものを紹介。

➡猫から人にうつる主な病気

猫ひっかき病

その名の通り、猫にひっかかれることで起こる。傷に一番近いリンパ節が腫れたり熱が出る。ノミが持つ細菌「バルトネラ菌」が原因（すべての猫が感染しているわけではなく、約1割程度の猫が感染しているといわれる）。猫からノミを駆除することで予防できる。

猫ノミ・ダニ

猫に寄生したノミ（P40）やダニが吸血することでかゆみが出る。アレルギーが出ることも。外猫を保護した場合や、内外飼いをしている場合などは寄生している可能性があるため、病院で処方される滴下薬で早めに駆除することで予防できる。

パスツレラ症

人間の免疫力が落ちている時に猫に噛まれることで呼吸器疾患やリンパ節の腫れなどが起こる。猫の口腔内の化膿菌「通性嫌気性菌」が原因。噛まれないようにすることで防げる。万が一噛まれた場合は傷口を消毒液で絞り出すように消毒する。傷が深い場合は病院へ。

➡ 猫がかかりやすい病気

● 口の病気

病名	症状・原因	治療・予防
口内炎	口内の粘膜に赤み、ただれや潰瘍ができる。口臭が強くなりよだれが出る。ウイルス感染による免疫力低下や歯石の蓄積、栄養不足などが原因。	抗生物質や抗炎症剤を投与。定期的な歯みがきで予防。
歯周病／虫歯	細菌の塊である歯石が原因で歯肉が赤く腫れて出血したり、歯槽骨にまで炎症が及ぶ。進行すると食べられなくなり、口腔内細菌感染症は内臓疾患を引き起こすことも。	歯石除去や抜歯、抗生剤などで炎症を抑える。

● 目の病気

病名	症状・原因	治療・予防
結膜炎	まぶたの内側の粘膜が炎症を起こし、目の充血、目ヤニなどの症状が出る。目をしきりに掻く。異物や細菌感染が主な原因。	抗生剤や点眼薬で治療。
角膜炎	外傷や感染症が原因で、目の表面を覆う角膜に炎症を起こす。まぶしがったり目を頻繁にこする。傷が深いと失明の恐れも。	抗生剤や点眼薬で治療。
緑内障	目の外傷や腫瘍、猫白血病ウイルス感染症などが原因で眼圧が高まり眼球が飛び出す、痛みで目をこするなどの症状。視神経や網膜に傷が付き、ひどい場合は失明の恐れも。	薬や手術で眼圧を下げる治療と平行して原因となる病気の治療を行う。

● 耳の病気

病名	症状・原因	治療・予防
外耳炎	かゆみや痛みでしきりに掻く。細菌やカビ、耳ダニなどが主な原因。	抗生物質や抗真菌剤、駆虫剤など原因に応じた点耳薬で治療する。

鼻の病気

病名	症状・原因	治療・予防
鼻炎	鼻水やくしゃみ、目ヤニなどが出る。主にウイルス感染で起こる。他にも、細菌や花粉、ハウスダストなどのアレルギーが原因の場合もある。	ワクチン接種でウイルス感染を予防するほか、抗生物質の投与など。
副鼻腔炎	鼻の奥にある副鼻腔が炎症を起こし、鼻水やくしゃみ、進行すると口呼吸になり食欲低下を招く。	ワクチン接種でウイルス感染を予防するほか、抗生物質の投与など。鼻炎に似ているが侮らず早期治療を。

皮膚の病気

病名	症状・原因	治療・予防
皮膚炎	主にノミによるアレルギー性皮膚炎。その他、カビやダニ、花粉などが原因の場合も。	アレルゲンの駆除と投薬で治療。
猫挫《ざ》創《そう》、スタッドテイル	いわゆるあごニキビ。下あごに皮脂や汚れ、細菌が元でできる黒い粒が出る。悪化すると炎症に。スタッドテイルはしっぽの付け根が大量の皮脂でべたつく症状。	定期的なシャンプーで皮膚を清潔に保つほか、専用の薬も。
皮膚糸状菌症	皮膚のカビ（皮膚糸状菌）が原因でかゆみをほとんど伴わない円形脱毛が見られる。免疫力が低下している時にかかりやすく、犬や人にも感染する。	抗真菌剤で治療、室内を清潔に保つことで予防。

生殖器などの病気

病名	症状・原因	治療・予防
乳腺腫瘍	いわゆる乳がん。乳腺にしこりができる。猫の場合はその多くが悪性といわれ、転移もしやすいので早期発見・早期治療を。	手術による切除、放射線治療など。
子宮蓄膿症	細菌感染で子宮に膿が溜まる病気。食欲低下、下腹部が膨らみ多飲多尿になるなどの症状。再発しやすいので早期発見・早期治療を。	卵巣と子宮の摘出手術。避妊手術で予防できる。

泌尿器の病気

病名	症状・原因	治療・予防
尿結晶症	膀胱内に結晶ができるため、尿に結晶や血が混じる。トイレに行くが排泄できないなどの症状。オスに見られ、尿道閉鎖を起こすと、尿毒症にかかり命の危険も。	結晶を取り除く治療のほかに水分を多く含んだ食事に切り替えるなど。日頃から適度な運動と、水を摂らせる工夫を。排尿異常が見られたらすぐに病院へ。
腎不全	老化のほか、ウイルス感染や免疫疾患などの病気で腎臓機能が低下し老廃物を排出できなくなる。進行すると尿毒症を起こして死に至る。	一旦かかると進行を遅らせる治療しか手がないため、飲水量や尿の量が増えるなどの初期症状を見逃さず、早期発見・早期治療が鍵となる。
膀胱炎	頻尿になる、茶褐色や血の混じった尿が出るなど。	排尿異常や、腹部を触ると痛がるなどの症状が見られたらすぐに病院で検査を。

呼吸器の病気

病名	症状・原因	治療・予防
肺炎	咳、高熱、鼻水などの症状。猫カリシウイルスなどのウイルス感染に2次感染が起こり悪化する。進行が早く、呼吸困難を引き起こすなど重篤になりやすいので早期治療が重要。	抗生剤や抗真菌剤などを投与し吸入療法なども行う。ワクチン接種でウイルス感染を予防する。

消化器の病気

病名	症状・原因	治療・予防
胃腸炎	猫汎白血球減少症などのウイルス感染で起こることもある。嘔吐や激しい下痢を起こす。脱水症状を起こして命の危険も。	日頃の食生活の管理、ワクチン接種でウイルス感染を予防する。
巨大結腸症	重症の便秘が続き、食欲低下、嘔吐、脱水などが見られる。腸の機能低下などで結腸に便が留まることで起こる。	投薬のほか、下剤などで治療。排便異常が見られたり、便秘が続く場合は検査を。
膵《すい》炎	嘔吐、下痢。慢性の場合は症状が出にくい。	消炎剤などの投与に合わせ、併発の病気治療や食事療法など。

心臓の病気

病名	症状・原因	治療・予防
心筋症	特に多いのが、心臓の筋肉が厚くなる肥大型心筋症。血栓ができたり心不全や呼吸困難を起こして死に至る。	予防法はなく根本治療は難しい。心不全の治療をする。

内分泌の病気

病名	症状・原因	治療・予防
甲状腺機能亢進《こうしん》症	甲状腺ホルモンの過剰分泌で起こる病気で、過食なのに体重が減少する、多飲多尿、急に元気になったり攻撃的な性格になったりするなど。シニア猫に多く見られる。	早期発見・早期治療が鍵。症状に気づきにくいので、少しでも異変を感じたら病院へ。
糖尿病	インスリン不足により血糖値が上昇する。多飲多尿、嘔吐や脱水、食べるのに痩せるなど。シニア猫や糖質を摂り過ぎている猫がかかりやすい。	食事療法などで治療。日頃の食事管理、運動不足解消で予防。

感染症

病名	症状・原因	治療・予防
猫免疫不全ウイルス感染症	猫エイズ。主に喧嘩などの血液感染や母子感染により感染。症状が見られない「無症状キャリア期」といわれる潜伏期間を経て発症する。免疫機能の低下で口内炎や鼻炎などさまざまな慢性症状や悪性腫瘍などにかかりやすくなる。	治療法は対症療法のみ。ワクチン接種で予防できる(P109)。
猫伝染性腹膜炎	猫コロナウイルスに感染することで腹膜炎を起こす。食欲不振、嘔吐、下痢、脱水、腹水が溜まるほか、神経や目に炎症が出るタイプも。感染力は低いものの、発病後の死亡率が高いので要注意。	発病後は基本的に対症療法のみ。感染の有無はPCR検査で診断可能。陽性でも、獣医師の指示に従って飼育環境に配慮すれば発病リスクを抑えられる。
猫ウイルス性鼻気管炎	感染した猫のくしゃみなどから飛沫感染する。発熱・くしゃみ・鼻水・目ヤニなどの症状で、子猫や老猫は死に至ることも。	ワクチン接種で予防できる(P109)。
猫カリシウイルス感染症	初期は猫ウイルス性鼻気管炎と類似している。口内炎や舌炎ができ、食べられなくなるだけでなく、放置すると肺炎から死に至ることも。	抗生剤などを投与。ワクチン接種で予防できる(P109)。
猫汎白血球減少症	別名・猫伝染性腸炎。感染した猫の排泄物などから感染する。高熱や激しい下痢、白血球の急激な減少など。特に子猫は致死率が高い。	抗生剤などで治療。ワクチン接種で予防できる(P109)。
猫白血病ウイルス感染症	唾液や血液感染のほか、母子感染する。免疫不全などを起こし、口内炎、敗血症、肺炎を起こすほか、白血病やリンパ腫になりやすい。発病すると回復しない。	ワクチン接種で予防できる(P109)。
猫クラミジア感染症	クラミジアが目や鼻から入り感染する。結膜炎・くしゃみ・鼻水・口内炎・舌炎など、粘膜に炎症を起こす。人に感染することも。	ワクチン接種で予防できる(P109)。

寄生虫

病名	症状・原因	治療・予防
猫回虫	母猫から感染し消化管に寄生。白くて細長い（5～10cm）回虫が便や嘔吐物と一緒に出てくる。	駆虫薬で駆虫。
条虫《じょうちゅう》	ノミから感染する瓜実《うりざね》条虫のほか、カエルや蛇を捕食して感染するマンソン裂頭条虫など。腸内に寄生し便とともに片節が排出。	駆虫薬で駆虫。
疥癬《かいせん》	猫小穿孔《しょうせんこう》ヒゼンダニが皮膚の中に穴を掘って寄生。激しいかゆみでかきむしるため、皮膚の肥厚、かさぶたやフケ、赤みなど。耳の中に寄生する耳疥癬も。茶褐色の耳垢が大量に見られたら要注意。	駆虫薬で駆虫。
フィラリア	蚊が媒介して感染。心臓と肺動脈内に寄生する。咳や呼吸困難の症状や突然死する場合も。	診断・治療ともに困難なため、蚊が発生する時期に月1回の予防薬で予防。

その他

病名	症状・原因	治療・予防
肛門嚢《のう》炎	肛門腺（P65）の分泌物が詰まり、細菌感染などの炎症を起こす。悪化すると破裂する場合も。	抗生剤の投与と患部の洗浄消毒。お尻を擦って歩いたり気にする様子が見られたら早めに診察を受けることで予防可能。

なるほどQ&A

監修・加藤由子

Q 猫も人間のごはんは美味しいと感じますか？

A 猫の味覚は人間とは違います。動物はそれぞれ必要とする栄養素が違い（P43）、必要な栄養素が含まれているものを「美味しい」と感じるようにできているからです。猫は人間ほど塩分を必要としないため、むしろ濃い味のものは好みません。ただ、慣れるということはあるので、塩分の摂りすぎによる病気を防ぐためにも人間の食事はあげないように。

Q ドライフードをお皿から1粒ずつ出すのはなぜ？

A 獲物を探す苦労のない飼い猫たちは、時間的にも精神的にも余裕があります。その余裕が「遊び心」として現れるのかもしれません。たまたま1粒を取り出して食べたら妙に気に入ってしまったのではないでしょうか？ カステラの「皮」の部分を先に食べる人がいるのと同じで、その食べ方にハマってしまい習慣になっていると思われます。

Q 猫は飼い主やお世話をしてくれる人を他の人と区別しているの？

A 近年の研究で、猫は飼い主の声を認識していて、他の人の声と聞き分けていることが明らかになりました。また、別の研究によって、猫が飼い主の声と顔を紐付けて認識していることもわかっています。呼ばれて無視していても、家族やお世話をしてくれる人のことは、ちゃんと他の人と区別しているようです。

Q 子猫の頃にしか見られないものはある？

A 成長すると消えてしまう「キトンキャップ」（右）と呼ばれる頭の上のグレーの模様や、目が開いたばかりの子猫に見られる灰色がかった青色の瞳「キトンブルー」などがそうです。瞳の色は、生後3ヶ月ぐらいからその猫本来の色に変わりはじめます。それまではよく見えておらず主に

ものの動きのみを感知しているといわれています。

Q 猫も汗をかきますか？

A 猫の体には汗腺がないので汗はかきません。ただ、唯一肉球にだけ汗腺がありますが、その汗は体温を下げるためのものではなく、緊張した時にかくもの。それゆえ、病院などに連れていかれた時に緊張して肉球が汗で濡れたりしますが、暑い時には人間のように汗をかくのではなく、涼しい所へ行って動かないという方法をとります。

Q 人間の風邪は猫にうつりますか？

A うつりません。ウイルスや細菌にもそれぞれ自分の住処が決まっています。魚が水中にしか住めず、モグラが土の中にしか住めないのと同じです。人の風邪ウイルスは猫の体内には住めないのでうつることはないのですが、人の体内にも猫の体内にも住める病原体も存在し、これらは「ペット感染症」と呼ばれる病気を引き起こします。

➡P113

Q 猫ってどうしてあんなに可愛いの？

A それは猫が「可愛さの条件」を満たしているからです。哺乳類はみな、「丸い」「小さい」「柔らかい」「温かい」という条件を満たせば満たすほど「可愛い」という感情が湧くようにインプットされています。その感情が母性本能をかきたてて面倒を見させるわけです。猫はそんな「可愛い」の条件をたっぷり満たしている生き物ということですね。

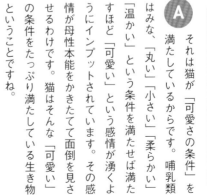

Q 猫のオシッコはどうしてあんなに臭いの？

A 猫の尿に含まれる「フェリニン」という物質が臭いためです。フェリニンの値は特に去勢していないオスで高く、不妊手術した猫では低いことが分かっています。オスができるだけ遠くのライバルにまで自分のテリトリーを誇示したり、広範囲のメスを引きつけるためだと考えられます。

Q トイレの後に猛ダッシュで走り回るのはなぜ？

A 野生時代の名残りではないかと考えられています。排泄中は無防備になりますし、排泄物のニオイは天敵に居場所を知らせることになりかねません。そこで、用を足したらすぐ

に砂をかけてニオイを抑え、一目散に走り去るようになったというのです。命を守るための習性なら、安全な家でもなかなか変えられないでしょう。

Q 猫もお尻を拭いてあげた方がいい？

A 猫は排泄の後、自分で舐めてキレイにします。飼い主が拭いたとしても後から自分で舐めていると思います。ですから長毛種で排泄物が毛に絡んで汚れている場合や病気の場合などを除いて、拭いてあげる必要はありません。それよりも人間が神経質に拭くことで拭きすぎになる可能性も。猫は猫なりにキレイ好きなので、そこは猫に任せましょう。

Q どうしてお風呂やトイレに入るとドアの前で待っているの？

A それは飼い主を母猫やきょうだい猫と思っているのではないでしょうか。飼い猫はいくつになっても子猫の気分でいます。子猫は母猫やきょうだい猫と一緒に行動しますから、飼い主が行く場所に付いていきたがるのです。

Q 新しい箱にとりあえず入るのはどうして？

A 野生時代、猫たちは木の洞や岩の窪みなどをねぐらにしていました。テリトリー内に新しい隙間や穴を見つけると、まず入ってみて安全かどうかを確かめていたのでしょう。その名残りで今も箱を見ると、猫は入らずにはいられないのです。そして「ここは安全」と思うと、とりあえず昼寝をしないと気が済みません。すべて野生時代の名残りです。

Q なぜ狭い所にぎっしり入ってくっついて寝たがるの？

A 子猫時代、猫はそうやってきょうだい猫と団子になって眠って

いたので、猫同士の温かさや柔らかさが身近にあると大人になっても安心するのでしょう。また、柔軟な身体のお陰で信じられないような無理な体勢でも熟睡可能なのです。

Q 猫も冬には洋服を着せたり、夏には毛を刈った方がいい？

A 猫は夏毛と冬毛が生え変わります。冬には綿毛がたくさん生えて冬の寒さに備えますから服を着せる必要はありません。それよりも環境を整えてあげること。冬は暖かい寝床を用意し、夏も毛を刈るよりも涼める場所を工夫することをお勧めします。風通しをよくして、クールマットなどを用意するといいでしょう（ｐ70）。

Q 完全室内飼いの猫はストレスが溜まらないのでしょうか？

A 猫にとっては、どんな危険があるか分からない外を歩く方がストレスがあり、安全な室内でのんびりできる方がストレスが少ないといえます。ただ、刺激のない単調な生活になって運動不足を招く危険性があるため、一日に一度は一緒に遊ぶ時間を作りましょう。それが猫の毎日にメリハリを付けてくれるはずです。

Q 猫を寝かしつける効果的な方法はありますか？

A 一定のリズムで軽くたたきながら撫でると、猫は母猫に優しく舐めてもらいながら眠りにつく子猫の気分になってリラックスします。人間の赤ちゃんを寝かしつけるように優しくたたき、その手で今度は猫が舐めるようなイメージで体を撫でるのがいい方法です。リズムは最初は心臓の鼓動と同じくらいの速さで、徐々にゆっくりにしていくのがいいでしょう。

Q 猫が人の口元に鼻をくっつけてくるのはなぜ？

A 別々の場所にいた仲間の猫と出会った時、お互いに鼻と鼻をくっつけるようなしぐさをします。

鼻と鼻をくっつけているように見えますが、実際はお互いの口のにおいを嗅いでいるのです。挨拶でもあり「なにか美味しいものを食べてきた？」などの情報交換でもあるのでしょう。家族などの親しい人間に対しても同じことをします。そのときも明らかに口のにおいを嗅いでいるのがわかります。

Q 猫を叱ろうとすると目をそらすのはどうして？

A 知らない猫同士がお互いにジッと見つめ合う時は敵意の表れでしかありません。「ガンつけている」ようなものです。飼い主が怒って猫の目をジッと見ると、猫はそれと同じような敵意を感じるために目をそらすのです。猫は「こっちは敵意はないし、争いたくないよ」と意思表示しているわけです。つまり、飼い主が怒っているであろうことはちゃんと分かっているのです。

Q 爪とぎや毛繕いなど、猫にあって犬にないものが気になります。

A その違いは、犬と猫の暮らし方や狩りの方法の違いです。犬は獲物をひたすら追いかけて倒しますが、猫は飛びついてその爪で動けなくします。だから、いつも爪をとがらせておく必要があるのです。また、猫は待ち伏せ型の狩りをするので、相手に気づかれないように自分のニオイを消しておく必要があるため、いつもせっせと毛繕いをするのです。

知っとこ Column

いざという時の愛猫基金

老齢期に備え、愛猫が元気なうちから始めよう。

一度でも愛猫が病院にかかったことがある人は、その診療費の高さに驚くのではないでしょうか？　病気になりやすくなる老齢期に備え、またいざという時に困らないためにも「愛猫基金」を始めてみては？　例え、月々の積立額はわずかでも、愛猫が健康なうちからこつこつ始めておいて、ある程度まとまった額を手元に置いておけば、すぐに持ち出せる確実な資金になります。

また、「ペット保険」を検討するという手も。ただ、これも万全かというと、残念ながらそうともいえないのも事実。基本は掛け捨てで年齢制限があり、必要時に保険を継続できない可能性や、補償対象外の疾病を設けている保険会社も少なくないため、肝心な病気の治療に保険が下りない場合もあります。とはいえ、中には加入後であればどのような疾病でも補償されるケースもあり、多少高くても内容の充実した保険を選べば、希望通りの補償を受けられる可能性も。

選択はあなた次第。愛猫のQOL（クオリティオブライフ）を保ちながら、天寿を全うしてもらうためにも、一度じっくり考えてみてはいかがでしょうか。

※保険については2024年2月時点のものを参考にしています。

10

知っておきたいあれこれ

猫について知りたいことはまだまだあります。

「こんなことあったらどうしよう?」

そんな時に知っておきたいあれこれ。

妊娠・出産に関するあれこれ

子猫を譲り受けた場合など、生後半年を過ぎてくると
突然夜泣きのような大声で鳴きはじめ、
いつもと違う行動が見られるようになる。
それは性成熟を迎えた猫の発情のサイン。

発情のサイン

猫は約６ヶ月で性成熟する。繁殖期が来るとメスは発情（約１〜２週間）を数回繰り返す。繁殖期は日照時間の長さに起因するため、外猫は春先など年２、３回だが、室内飼いの場合は照明の影響で冬でも発情する。オス猫の場合、メスの発情に誘発されて発情し、交尾をしない限り続く。室内飼いで他の猫との接触がない場合などは猫も飼い主も大きなストレスとなることも。

メス

- 赤ちゃんのような大きな声で鳴く
- 挑発するようにクネクネと体を動かす
- 落ち着きがなくなる

オス

- マーキングのためにあちこちに
  臭いオシッコをする「スプレー行動」をする
- 落ち着きがなくなる
- 外猫の場合、メスを取り合って喧嘩をする

妊娠のしくみ

オスはメスの発情に誘発されて発情するが、相性が合わないとオスは交尾しない。メスが受け入れれば、オスはメスの上に乗って首元を噛んで交尾する。猫の場合、交尾刺激で排卵が起こるので妊娠率はほぼ100％といってよい。もし交配を希望する場合でも、感染の危険があるウイルス性の病気にかかっている場合や、遺伝病の疑いがある場合などは事前に病院で確認、可能性がある場合には控えること。

出産

猫の妊娠期間は約２ヶ月。妊娠３週目〜１ヶ月頃から食欲が旺盛になる。その頃になるとお腹も出てきて、一見して妊娠が分かるぐらいまでになる。フードは胎児のためにも良質で栄養価も高く消化の良い子猫用の総合栄養食に切り替え、量も1.5〜２倍程度与えてOK。いつも以上に食餌や室温管理に注意し、異変があった場合にはすぐに病院へ。出産１週間前にはホームドクターの診察を受け、胎児の数と予定日、緊急時の対応なども確認しておこう。

➡ 妊娠の兆候と体の変化

- **1週目** 交尾後数日で発情が見られなくなり、一見して変化はない。
- **2週目** 卵子が着床。乳腺が発育しだす。
- **3週目** 毛艶がよくなり食欲旺盛に。乳首がやや赤みを帯びる。
- **1ヶ月目** 腹部の膨らみが目立ち、胎児が大きくなるにつれ排尿回数が増える。
- **2ヶ月目** 腹部はさらに膨らみ、陰部をしきりに舐めたり身繕いしはじめる。出産間近は食欲がなくなる。９週目頃に出産。

お産ハウスを作ろう

母猫は出産が近くなると安心して出産できる場所を探す。あらかじめハウスを作って、室内の静かで落ち着ける少し暗めの場所に設置しよう。餌場もすぐそばに用意しておくと安心。

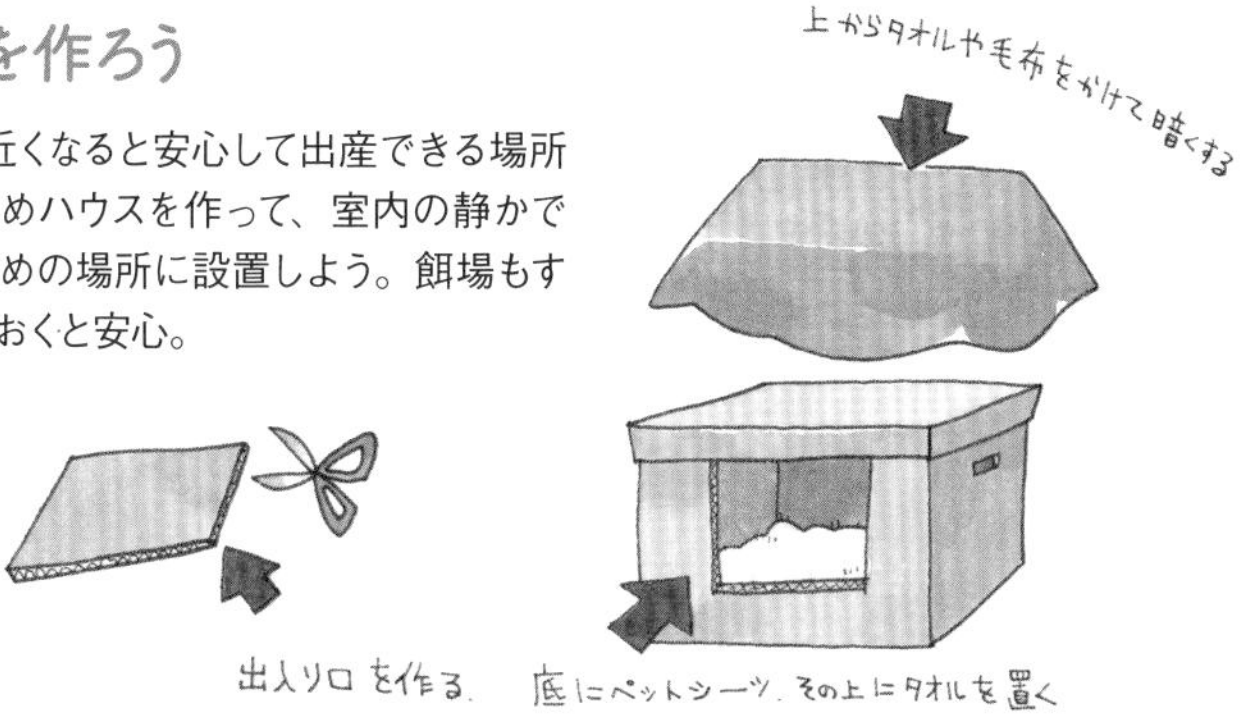
上からタオルや毛布をかけて暗くする
出入り口を作る。
底にペットシーツ、その上にタオルを置く

気を付けたいこと

食事

十分な栄養を摂取できるように良質な子猫用の総合栄養食を与える。量も2倍程度与えてOK。ウェットフードは傷みやすいのでいつも以上に管理に気を付けること。

体調

陰部から血やおりものが出る場合などは何らかの問題がある可能性もあるので、落ち着いて病院に連れていくこと。移動中の温度変化やストレス対策もしっかりと。

感染

ワクチン接種で伝染病は防げるが、飼い主が他の猫と接触し、外から伝染性の病原体を持ち帰る可能性があるので、母猫に接触する前に着替えたり十分手洗いするように心がける。

環境

室温管理はしっかり。朝晩の温度差が大きくならないよう注意すること。母猫が落ち着いて休める場所を多めに作っておく。ジャンプなどは、自発的な行動であれば心配いらない。

こんな時どうする?

陣痛が始まり1時間たっても生まれない(いきまない)

》 獣医師に連絡して指示を仰ぐ。

赤ちゃんが自発呼吸しない

》 口の中の羊水を清潔なガーゼなどで拭い、背中を指でさするようにやさしくマッサージして自発呼吸を促す。

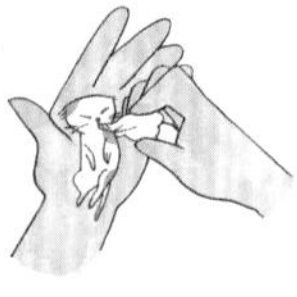

母猫が子猫を放置している

》 母猫が許せば、へその緒を木綿糸でしばって消毒したはさみで切り、温かく湿らせたガーゼなどで体を拭く。

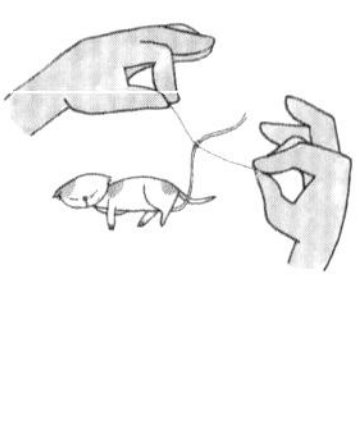

出産のプロセス

❶ 出産直前

落ち着きがなくなり飼い主に甘えるようなしぐさを見せる場合も。基本的にはすべて母猫に任せる。

❷ 陣痛

ハウスに入り手足を伸ばしいきんだり、ため息をつくような兆候や血が混じったおりものが出ると陣痛が始まった証拠。

❸ 出産

陣痛が始まり約30分で第1子誕生。羊膜を舐めとり赤ちゃんの自発呼吸が始まる。母猫は出てきた胎盤を食べ、へその緒も自分で切る。

❹ 陣痛・出産の繰り返し

子猫の体を舐めてキレイにし授乳する。順調なら15～30分おきに陣痛と出産を繰り返す。子猫を産み終わるまで静かに見守る。

不妊手術

愛猫の交配を望んでいない場合は、飼い主にも鳴き声やスプレー行動などでストレスがかかることは免れない（近隣の迷惑になる場合も）。その場合は不妊手術を検討しよう。

手術により、生殖器の病気にかかる心配も減る。

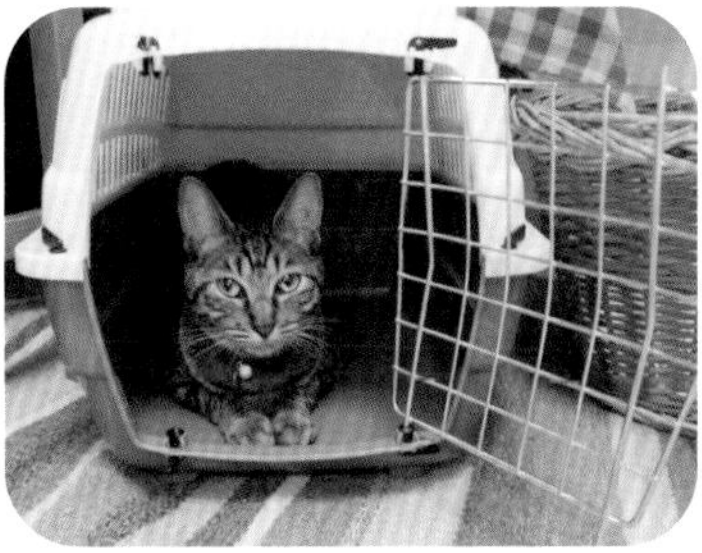

手術の流れ

1～2週間前　術前検査

血液検査で健康状態を検査。手術に耐えうる状態かを確認。

手術前日　絶食

麻酔をかけるために前夜から絶食させる。水は飲ませてOK。

当日　手術・入院

予約時間に猫を連れていき、手術・入院。オスは日帰りの場合も。

翌日　退院

退院後は安静に過ごさせる。体調に異変があった場合はすぐに病院へ。

1週間後　診察・抜糸

術後の体調や傷口の確認。メスは抜糸（病院によっては皮内縫合する場合も）。

手術内容

メス…避妊手術

- 生後4～7ヶ月頃から。
- 全身麻酔をかけ、開腹して卵巣と子宮を摘出する。
- 費用は約2～4万円程度（目安）。
- 順調なら1～2泊が一般的。

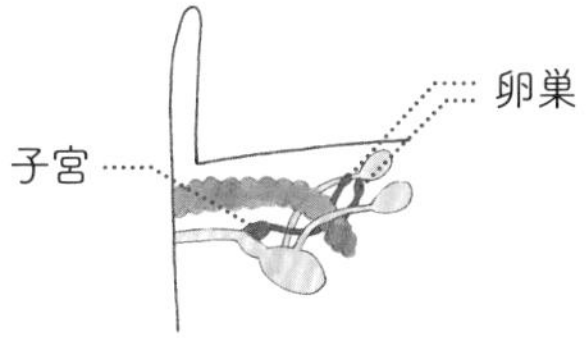

オス…去勢手術

- 生後6～8ヶ月頃から。
- 全身麻酔をかけ、睾丸を摘出する。
- 費用は約1～3万円程度（目安）。
- 順調なら日帰り～1泊が一般的。

不妊手術のメリット・デメリット

不妊手術には、メリットもデメリットもある。まずは飼い主であるあなたと愛猫との暮らしを踏まえて手術の意義を考えよう。

メリット

- 発情／妊娠しなくなる
- オスはスプレーしなくなる
  ※性成熟後に手術した場合、
  1割程度の割合でスプレーを続ける可能性が残る。
- メスは生殖器の病気を予防できる
- オスは攻撃性がなくなり穏やかな性格に
- 交尾による感染症が予防できる

デメリット

- 全身麻酔のリスクが伴う
- ホルモンバランスが変わり太りやすくなる
- その猫の子孫を残せなくなる

自治体の補助金制度も

不妊手術には自治体によって補助金制度を設けている場合がある。決められた期間に申請して提携病院で不妊手術を受ければ、手術費用の一部を助成してもらえる。自治体によって受付頭数や助成額などが異なる（飼い猫・外猫・オス・メスなどの条件によっても異なる）ので、手術を考えている人は一度問い合わせてみるとよい。

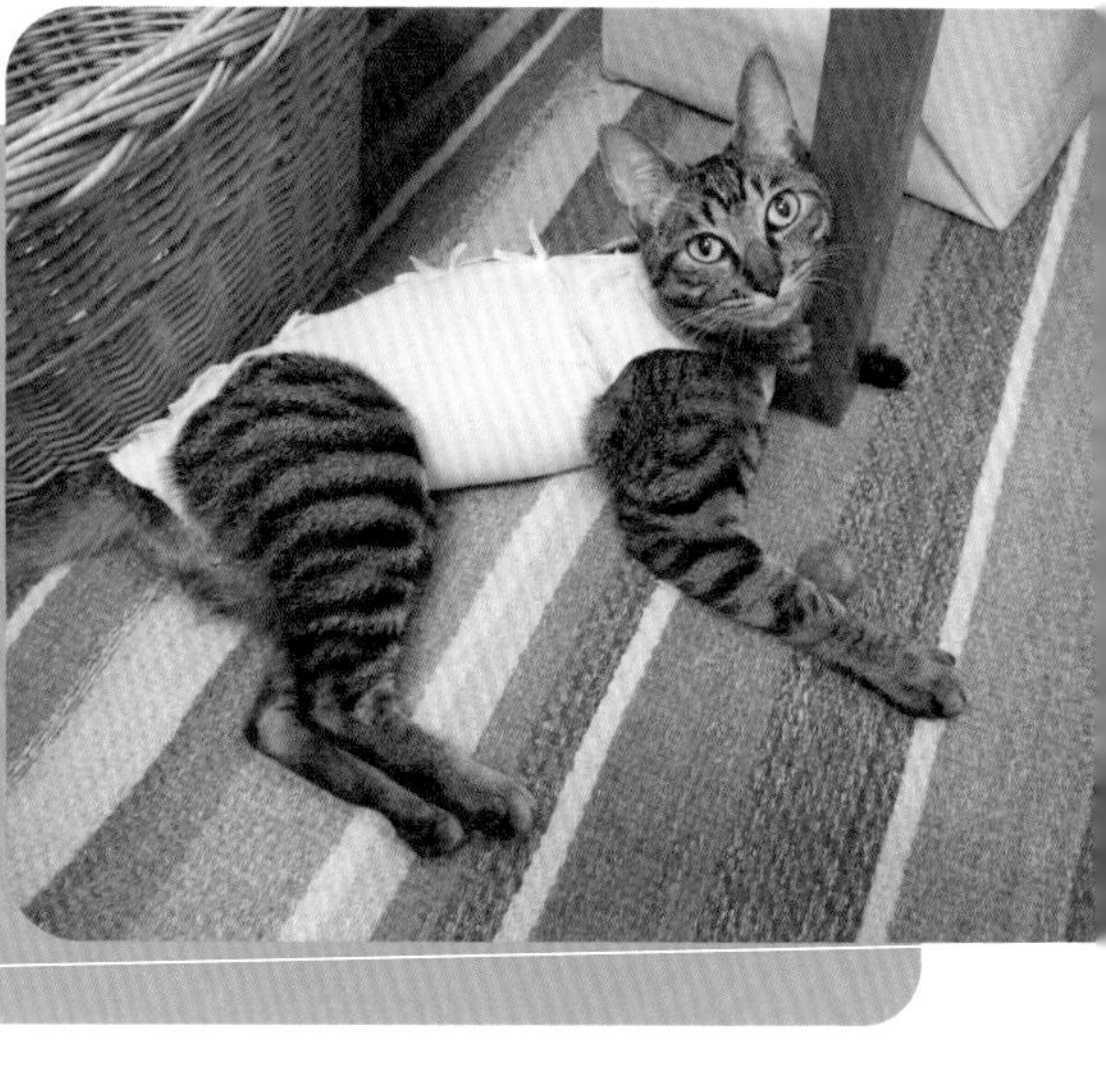

＼ こんな時どうしたらいい？ ／

猫の困った行動あれこれ

猫と暮らしてみると、思いもよらない困った出来事に遭遇することも。
だけど、猫には猫の理由があります。
それを理解して受け入れれば、解決方法が見つかるかもしれません。

監修・加藤由子

➡ 懐いてくれない時

猫が飼い主の自分を避けて、なかなか懐いてくれず困っています。

猫の言い分

だってなんか居心地悪いし、怖いんだもん

POINT

- 猫にとって「空気のような存在」になる
- スキンシップは「猫が望む時に望むだけ」が鉄則
- 「それもその子の個性」と受け入れるのも1つの手

●解決策

無意識のうちに、猫をビックリさせたり怖がらせたりするようなことをしていませんか？　もしくはしつこくかまいすぎていませんか？　猫は大きな音や大きな動作、激しい動きを嫌います。「怖い」と思ってしまうのです。猫のそばでは常に、ゆっくりとした動作を心がけ「空気のような存在」になりましょう。猫が膝に乗ってきても手を出さずに、もしそのままグッスリと眠ったらソッと手をそえても大丈夫です。そうやっているうちに猫はあなたの存在にだんだんと慣れ、甘えてくるようになるでしょう。

➡ あちこちにスプレーをされる時

去勢したオス猫が手術後もあちこちでオシッコするので困っています。

猫の言い分

不安でしかたがないんだよ。
スプレーをすると少し安心できるんだ

叱っちゃ
ダメなんだよ

POINT

- 叱るのは逆効果。ますます不安を高めてしまう
- 原因を探し出すことが大切。原因によって解決策を模索する

● 解決策

スプレーは、猫があちこちに尿をかけるニオイ付け行動で、不妊手術した猫もやることがあります。ストレスや病気など、何か原因があるのですから、それを探し出し取り除くことが大切です。同居する猫との関係が原因のこともあれば、家の中にあるものに不安を感じていることも。同居猫が原因の場合は、ケージなどを利用して自分だけの場所を作ってあげましょう。家具などが原因の場合は、取り除きましょう。膀胱炎や膀胱結石など尿路疾患が原因の場合もあるので、その場合は治療が必要です。

➡ してほしくないことをしてしまう時

ヤケドの危険があるキッチン周りや人間の食べ物がある食卓など、
乗ってほしくない所にも上がるので困っています。

どうして夕゛メなの？
乗りたいんだからいいじゃん

POINT

- 猫をたたいたり叱ったりしてはダメ。行動を中止させることが大切
- やってからでは遅い、やりそうになった瞬間に行動を未然に防ぐ

●解決策

やってほしくないことをさせないようにするために大切なのは「やらない習慣」を付けることです。そしてそのためには「一度もやらせないこと」。やりそうになったら大きな音や声で驚かせて、やる前に行動を中止させましょう。それを根気強く繰り返していれば、猫は「やらないもの」だという学習をし、それが習慣になります。やってしまってから猫をたたいたり叱ったりしても、猫にはどうして叱られているのか理解できず、飼い主のことを警戒するようになるだけです。効果的なのは「やりそうになった瞬間に手を打つ」ことです。

➡ キャリーに入るのを嫌がる時

病院へ連れていこうとすると、
逃げたり暴れたりしてキャリーケースに入ってくれず困っています。

キャリーに入るのは嫌！
それだけっ！

POINT

- キャリーをいつもの昼寝場所の1つにしておく
- 病院に行く時は、何気ない雰囲気を保ちながらキャリーに入れる

● 解決策

猫は慣れない環境が嫌いです。「キャリーの中に入る」ことに慣れていないと必死で抵抗するものです。普段からキャリーを部屋の隅に置いておき、昼寝場所の1つにしておけば、スンナリと入ってくれるでしょう。ただし、入れる時に「さぁ、入って！」という緊張感を出さないように気を付けましょう。猫はその「緊張」を「いつもとは違う環境」だと感じて抵抗します。「いつもの場所にいつものように入るだけ」と猫に思わせることが最大のコツです。

あちこちで爪とぎされた時

専用の爪とぎ器を用意しているのに、
柱や壁、ソファなどの家具でも爪とぎするので困っています。

猫の言い分

ワタシは一番とぎ心地のいい場所で
爪をといでいるだけですけど？

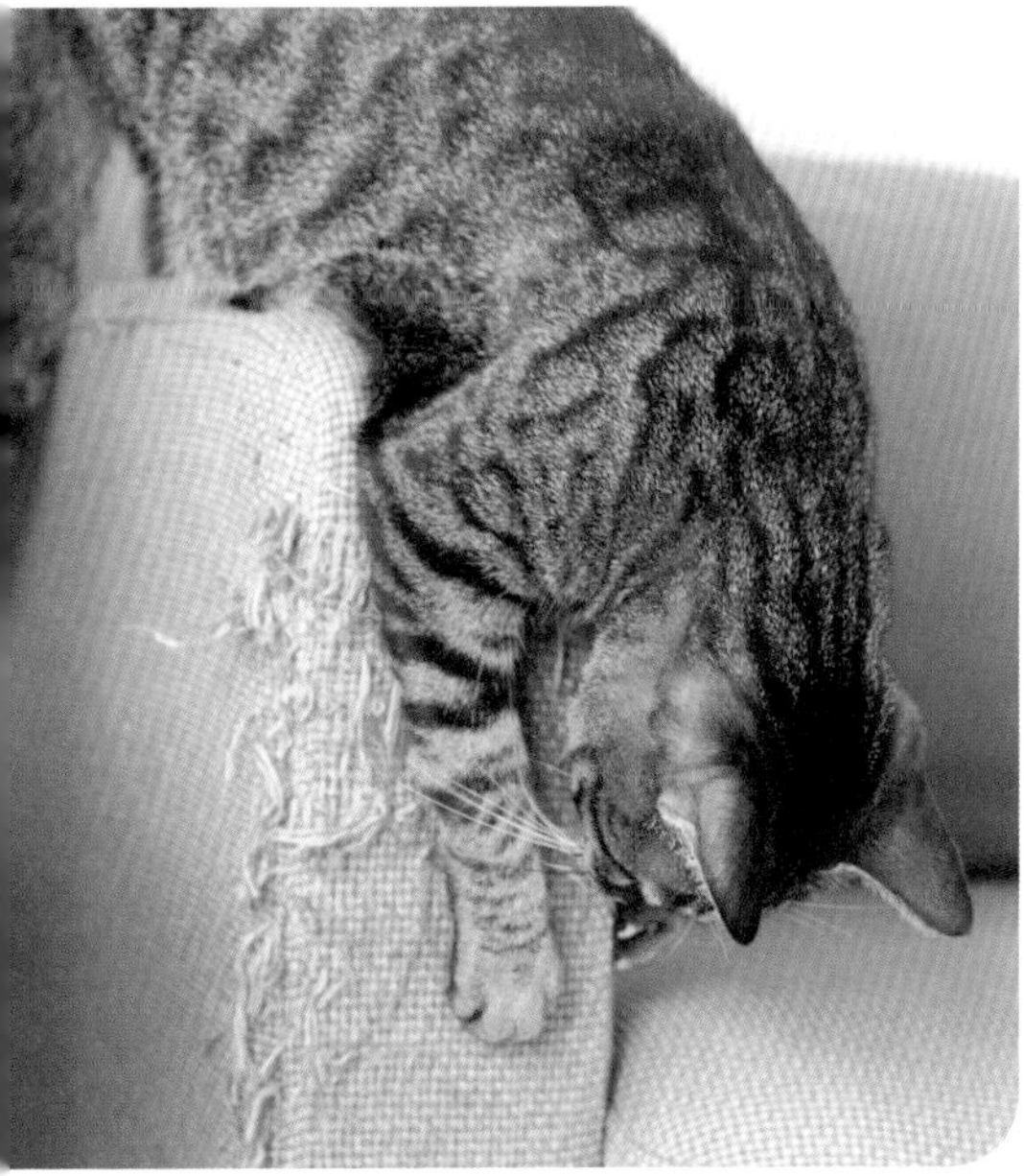

●解決策

原因は、「爪とぎ器よりも柱や壁やソファの方が爪のとぎ心地がいい」ということに尽きます。柱や壁やソファよりもとぎ心地のよさそうな爪とぎ器を探しましょう。家具にはない材質で、猫が爪をとぎたくなりそうな爪とぎ器を試してみましょう。また、壁を保護するボードタイプや、ソファ用のマットタイプなど、爪とぎ器にも色々あります。いくつか買って猫の好みを試してみることをオススメします。

POINT

- 猫が好む材質の爪とぎ器を探す
- それでも爪とぎをする場合は、その場所を物理的にふさぐか、爪とぎをする物を取り払う
- 「これは爪とぎ器も兼ねる」と納得して諦めることも方法の1つ

➡ 夜になると大騒ぎする時

夜中や明け方に全速力で走り回ったりして大騒ぎするので、
寝不足で困っています。

夜になると元気になってエネルギーが爆発するの。仕方ないでしょ！

●解決策

なぜなら猫は、ネズミなどの捕食動物が活動する夜や明け方に元気になる体内時計を持っているのです。でも、成長するに従って、人間と同じサイクルで暮らすように変化していきます。それまで待つか、飼い主が寝る前に大いに遊んであげてエネルギーを使い果たしてもらうのも方法です。猫は体を動かせば15分くらいで満足しますし、疲れればグッスリ眠ります。愛猫との大切なコミュニケーションだと思って大いに遊ばせてください。

POINT

- 寝る前に大いに遊ばせる
- 成長して一晩中、眠るようになるまでは我慢する
- 集合住宅の場合、階下の部屋に迷惑がかからないようカーペットなどを敷く

➡ 噛み癖やひっかき癖が治らない時

撫でたりしてスキンシップを取っていると、
突然噛んだり引っ掻いてくるので困っています。

猫の言い分

**嬉しくて気持ちよくて、なんかこう、
気分が盛り上がっちゃうんだよね**

POINT

- 愛情表現の1つであることを理解する
- 盛り上がっている気持ちを他のことに転嫁させる

●解決策

愛情表現の1つであることを理解してあげることが大切です。噛まれたら、とりあえず大げさに痛がって悲鳴をあげてみましょう。だんだんと手加減を覚えます。愛情表現なのですから叱ってはいけません。嬉しくて気分が盛り上がっているのですから、遊びに誘うのもいい方法です（ただし、素手ではなくおもちゃで遊ぶこと）。噛んだり引っかいたりするのを止めさせることより、その気持ちを何かに転嫁する方法を考えましょう。単純に「止めて」のサインの場合もあるので見極めも重要です。

トイレ以外の場所で粗相する時

トイレは用意しているのに、シンクや玄関などで
ウンチすることがあり困っています。

猫の言い分

ここじゃないと出ないんだよ……

● 解決策

「トイレでは出ない。では、どこなら出るか?」、猫はそう思っているのかもしれません。ということはトイレに問題ありと考えるべきでしょう。トイレ砂が気に入らない? トイレの縁が気に入らない? トイレの場所が気に入らない? 原因は猫によってさまざまですから、試行錯誤で原因を探してみましょう。トイレタイムをよく観察し、原因かもしれないと思えることを1つずつ改善してみるしかありません。真の原因にたどりつくまでには時間がかかるかもしれませんが、その努力をすることが動物を飼育するということなのです。

POINT

- 何が原因なのかを根気よく探す
- 「原因」と思えるものを試行錯誤しながら、1つずつ改善してみる

➡ 飼い主の邪魔をする時

読んでいる新聞の上や、
PC のキーボードに乗ってくるので困っています。

猫の言い分

いい場所、
見っけ！
ただそれだけ
なのに……

● 解決策

猫は、新聞の上が「飼い主の意識が集中しているところ」と思うのでしょう。だから気を引こうとその上に乗るのです。キーボードの上に乗るのは「ジッとしているならかまって」というところでしょう。いずれも飼い主の顔の前に陣取りたいという点が共通しています。猫に、人が何をしているのかを理解させることはできませんから、解決策は残念ながらありません。作業を一時中断して猫をかまってあげてください。それが嫌なら、新聞は手に持って読みましょう。キーボードによる仕事は……、諦めるしかないですね。

POINT
- 諦めるか、猫の要望にそってかまってあげるしか方法はないことを理解する

知っとこ Column

飼い猫は可哀相？

猫は、いつの時代も そこに暮らす人を映す鏡

最近は飼い猫の完全室内飼いが一般的となり、保護猫譲渡の際なども、完全室内飼いと不妊手術は必ずと言っていいほど絶対条件となっています。

もちろん、これが猫にとって幸か不幸か、一概に判断するのはなかなか難しいものです。ただ、現代のような住宅事情と交通事情では、一歩外に出ればあっという間に命の危険にさらされるのも事実です。狭くても安全なテリトリーと十分な食事、温かいベッドが用意されたストレスフリーな環境は、室内にしか作れない現状を考えるとやむを得ないといえるでしょう。

また、「可哀相だから」と不妊手術を見送れば、飼い主は発情時の鳴き声やスプレー行動に悩まされつづけることになりかねず、そうなると相当なストレスになります。無責任に繁殖した場合には、社会問題にもなっている「多頭飼育崩壊」をも招きかねません（もし、愛猫の体が弱くて心配だったり、手術に抵抗を感じる場合には、薬で発情を抑えることもできるので獣医師に相談を）。

縄張りをはしごしてさまざまな顔を持つオス猫のたくましさや、我が子をかいがいしく育てる母猫の姿、地域で愛され、地域住民の潤滑油になっている猫たちを見ていると、どちらが幸せかは（猫に尋ねてみなければ）分かりませんが、一つ確かなのは、猫はそこに暮らす人を映す鏡だということ。彼らはいつの時代も、身をもってさまざまなことを教えてくれているのです。

シニア猫のあれこれ

猫の老化が見られる8歳前後からは、今まで以上に猫の健康管理や環境作りにこまめなケアが必要に。

➡ 老化のサイン

老化の兆候は体のあちこちに現れる。反応や動きが鈍くなったり、口腔内のトラブルも出やすくなるので要注意。

飼い主の声や大きな音への反応が鈍くなる（聴力の低下）
口元や髭に白髪が混じる
毛艶が悪くなる
足腰が弱ってくる（筋力の衰え）
目ヤニが出やすくなる
虫歯になる（歯周病）
よだれが出たり口臭が強くなる
他にも…
毛繕いが減る
食欲が低下する
寝ている時間が増える
爪とぎが減る
代謝が落ちる
など

猫は8歳頃からあちこちに老化のサインが見られるようになり、生活面でのケアも今まで以上に必要に。ただ、シニア猫が過ごしやすい環境作りとストレスのかかりにくい生活、半年に1回は定期検診に行き、病気の早期発見・早期治療を心がけるようにすれば、最近では平均寿命の15歳を超えるご長寿も増えてきています。猫が心地よい適度な距離を保ち、日々の生活にお手入れなども上手に組み込んで、猫のシニアライフを見守りましょう。

➡ フード

シニア用に切り替える

高齢になると運動量が減り代謝も落ちてくるので、7～8歳頃から低カロリーで消化のよいシニア専用の総合栄養食に切り替える（切り替え方はP47）。太りやすくなるのでこまめに体重を量り、1歳時の基準値より15%以上の増加があれば獣医師と相談して食事量を減らすなど、肥満防止に心がける（理想体重はP32）。また腎臓の病気にかかりやすくなるため、水場を増やすなど水を飲ませる工夫を。

➡ 環境作り

シニア猫の気持ちになってみる

● **ステップ**

筋力が低下して足腰が弱まると、お気に入りの場所への上がり下りが困難になることも。箱を積むなどして、手作りステップを設置するとよい。

● **ベッド**

ベッドで寝て過ごす時間が増えるので、心地よい寝床を増やす。敷物を変えるなどして、夏は涼しく冬は温まる快適ベッドに。痩せてきた猫には床ずれ防止でベッドにクッションを敷くなどの工夫を。

● **餌場／トイレを身近に**

ベッドから餌場やトイレが遠かったり（冬場は）冷える場所にあったりすると猫の足が遠のいてしまうので、できるだけベッドから近い場所にも設置しておく。

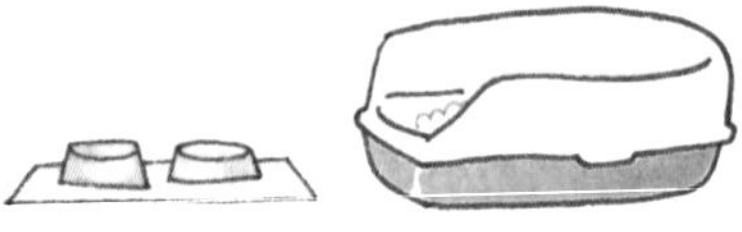

➡ お手入れ

こまめなケアを

毛繕いをあまりしなくなるため、シニア猫は特に顔回りやお尻の汚れが目立ち、毛艶もなくなってくる。また、歯のトラブルも増えて歯周病などにもなりやすくなるので、こまめにお手入れして清潔に保つように心がけよう。

● ブラッシング ➡ P94～

スキンシップをかねて毎日負担にならない程度にするように。毛艶がなくなるだけでなく毛量も減ってくるので皮膚を傷つけないよう力加減を。

● 歯みがき ➡ P102

口腔内のトラブルが多くなるので、歯垢が溜まらないように定期的に歯みがきできるとよい。

● 爪切り ➡ P100

シニア猫は爪とぎをあまりしなくなり、爪も引っ込まず出たままになるのでこまめにチェックして切るようにする。

＼ ただし… ／

過剰なスキンシップやお手入れもストレスになりかねないので要注意。シャンプーなどは体力面も考慮して避けた方がベター。汚れが目立つ時は蒸しタオルなどで拭き取るように。適度なマッサージは血行促進やストレス解消になる。 ➡ P82～

ストレスを減らす工夫を

極力環境の変化を避ける

猫は元来、環境の変化を嫌う生き物。シニアになるとその変化が大きなストレスになるため、馴染みの環境を極力変えずに快適に暮らせるよう心がけることが大事。特に大がかりな模様替えやリフォーム、人の出入りが増える、新たな猫や他のペットを迎えるなどは猫にとって大きな負担になるので避けた方がよい。やむを得ない引っ越しなどは細心の注意を払うこと。 ➡ P92

➡ シニア猫がかかりやすい病気

病名	症状
歯石／虫歯	歯肉が赤く腫れて口臭が強くなり、虫歯の痛みで食べられなくなる。
腎不全	腎臓機能の低下で多飲多尿になり、進行すると尿毒症を起こす。早期発見・早期治療が鍵。
糖尿病	初期症状は多飲多尿。進行すると食欲低下や嘔吐など。肥満が原因でかかりやすくなるので要注意。
腫瘍	10歳頃からできやすくなる。しこりがあったり異変を感じたらすぐ病院へ。
便秘	慢性の便秘になりやすい。水分不足や食事が合わないことが原因となっている可能性も。

健康そうに見えても
8歳頃からは
半年に1回の
定期検診が
病気の早期発見に。

知っとこ Column

あっぱれなご長寿猫

近年寿命は伸張傾向に。長寿表彰制度も。

一般社団法人ペットフード協会が実施した「令和4年 全国犬猫飼育実態調査」によると、国内の飼い猫の平均寿命は15.62歳(家の外に出ない猫は16.02歳、家の外に出る猫は14.24歳)で、完全室内飼いの普及もあり、平均寿命も年々延びているといわれている。現在のご長寿記録が塗り替えられる日もそう遠くないかもしれない。

日本一は36歳

日本一は青森県の飼い猫「よも子」(♀)。1935年(昭和10年)～1971年(昭和46年)までの36年半生きたという。人間でいう約157歳。食事は「猫まんま」(残飯)だったそうだが、当時は恐らく外でネズミも捕食でき、栄養面でも理想的な食生活が送れていたと考えられる。あっぱれ!

世界一は38歳

ギネスブックに認定されている世界一長生きした猫は、アメリカのテキサス州で飼われていた「クリーム・パフ」というメス猫。1967年8月3日に生まれ、2005年8月6日に亡くなるまでの38歳と3日というご長寿記録を持っている。人間年齢に換算すると約165歳。あっぱれ!

ご長寿猫には表彰制度も

ご長寿になるには猫の生命力はもちろん、家族の愛情と日頃のサポートは不可欠。そんな猫と飼い主の二人三脚を称えて、表彰を行っているところがある。公益財団法人日本動物愛護協会の場合、愛猫が存命で18歳以上であることを証明できるもの(申請書、専用の「年齢・生存証明書」、猫の写真など)を添えて、HPの申請ページから申請すれば、無料の表彰状がもらえる。各自治体などでも行っているところがあるので、気になる人はかかりつけ医や自治体に問い合わせを(表彰される年齢は各団体による)。

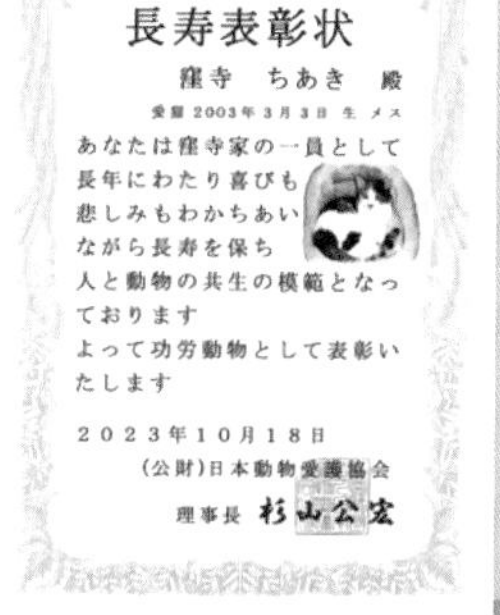

長寿表彰状

窪寺　ちあき　殿

愛猫 2003年3月3日 生 メス

あなたは窪寺家の一員として
長年にわたり喜びも
悲しみもわかちあい
ながら長寿を保ち
人と動物の共生の模範となっております
よって功労動物として表彰いたします

2023年10月18日

(公財)日本動物愛護協会

理事長 杉山公宏

災害対策あれこれ

いつ襲われるともしれない地震や火事などの災害。人間同様、事前のシミュレーションやいざという時のための準備が愛猫の命綱になる。基本は同伴避難。家族会議だけでなく避難先での受け入れ対策なども前もって自治体に問い合わせておくのも大切。

準備しておきたい愛猫用避難グッズ

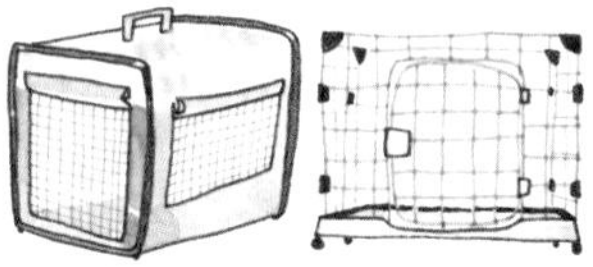

キャリーケース・組立ケージ
避難時や避難先での簡易ハウスとして。

愛猫の写真何枚か
脱走時など捜索の手がかり＆飼い主証明に。

水
ペットボトル（2L）×６本分程度。※ミネラルウォーターしかない場合は軟水を使用。

フード・食器
食べ慣れたドライ・ウェットフードを最低３～５日分。

簡易トイレ・猫砂
専用の簡易トイレ。なければ段ボール箱にビニール袋を敷けば即席トイレに。

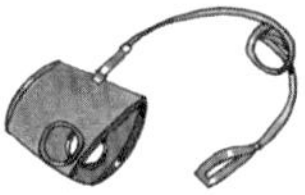

ハーネス・リード
避難時・避難先での脱走防止に。

＼ 他にも… ／

- ペットシーツ
- ウェットタオル
- トイレットペーパー
- タオル
- ゴミ袋
- 療法食／薬／治療履歴メモ

など

事前の対策を

ワクチン接種、迷子札（できればマイクロチップ・P15）装着は必須。また、長期避難の場合などに頼める預かり先も確保しておけるとさらに安心。日頃からネットワークを作っておくとよい。

基本は同伴避難

東日本大震災で起こった福島の原発事故では、同伴避難しなかったがためにペットが餓死するケースが多数あり問題となった。それを教訓に、避難は同伴を基本とし、必ずキャリーに入れて行動すること。猫がパニックになっている場合は慌てず優しく声をかけながら保護する。まずは飼い主が冷静に対処することが大事。

避難先では細心の注意を払うこと

避難所では喘息などの持病やアレルギーがある人、猫が苦手な人などさまざまな被災者が集まるため、相手の立場に立った配慮が不可欠。まずは避難先のペットの受け入れ態勢を確認し、猫は不用意にキャリーから出さない、迷惑がかからない場所にケージを設置するなどのマナーを心がけること。また避難先では猫の負担も大きいため、ストレスケアや体調管理には十分気を付ける。

連れ出せない場合は十分な備えを

万が一愛猫を家に残して避難せざるを得ない場合は、留守番をさせる時の準備を参考に（P72）十分な食料、水、トイレを用意し、室内の安全を確保した上で避難する。玄関の外には「猫がいます」などの張り紙を貼っておくこと（多頭飼いの場合は頭数なども明記しておくと救助が入った際に安心）。

応急処置あれこれ

思いがけない事故に見舞われた時や猫の体調に突然異変が見られた時など、病院へ行く前に飼い主が適切な応急処置を行うことで、症状の悪化を最小限にとどめることができる場合がある。

準備しておきたいもの

タオル

体温計

包帯

オキシドール（消毒液）

ガーゼ、脱脂綿

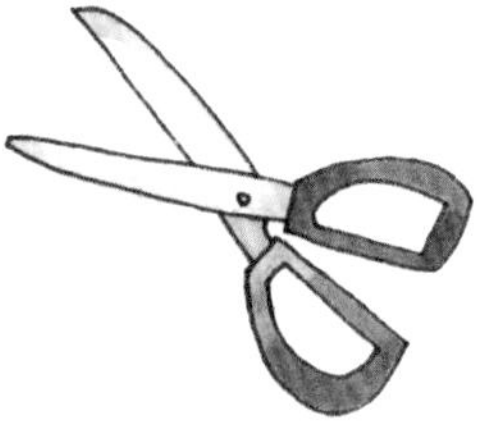

はさみ

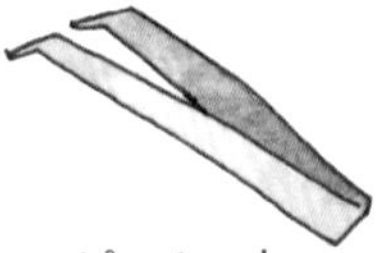

ピンセット

※人用と兼用せず必ず猫用を用意しておくこと。

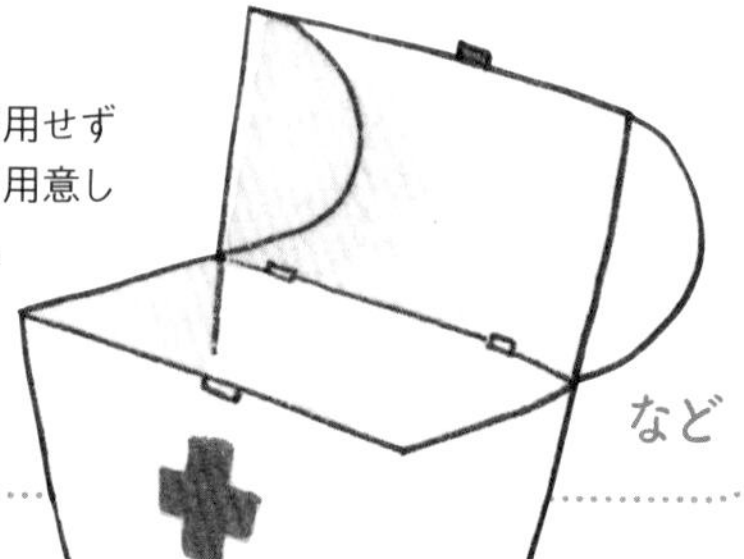

など

ケガ・止血

圧迫止血し患部を固定する

傷口を洗浄できそうなら流水でさっと洗い、清潔なタオルなどで圧迫して止血する。傷口に滅菌ガーゼや清潔なタオルを置き、その上から包帯を巻いて固定してからすぐに病院へ。噛み傷やひっかき傷の場合は傷口が化膿しないようにオキシドールを含ませた脱脂綿で消毒しておくとよい。

足をひきずる、骨の変形が見られるなど骨折の可能性がある場合は患部の固定が重要。すぐにバスタオルでくるんで病院へ。

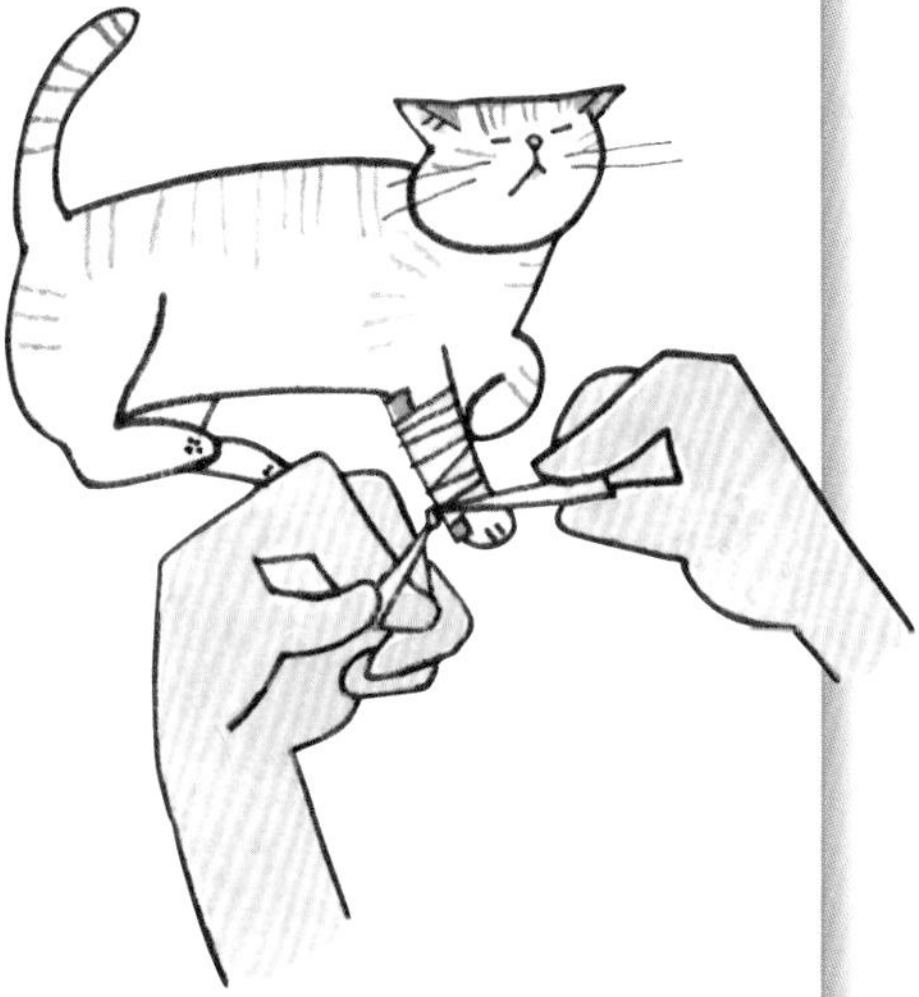

慌てず冷静に

ケガや突然の症状にパニックになっている愛猫を見て、思わず取り乱してしまいがちですが、重要なのは飼い主の冷静な対処。基本は早急に動物病院へ連れていくことですが、その前に手を打てる場合はできる限りの処置をしておくと、命の危険を回避できるだけでなく症状の悪化を最小限にとどめることができます。

また、病院へ行く際はバスタオルでくるむなどしてキャリーに入れるか、底の安定した段ボール箱などに入れて（脱走しないよう閉じて）運ぶと猫が落ち着きやすいでしょう。パニック状態の場合は、飼い主の認識もできない可能性が高く、手加減せずに噛みついたり予想外の行動をとりかねないので注意して対処を。

● ヤケド

まずは患部を冷やす

患部を流水に当てる、もしくは保冷剤などを当てて冷やす。広範囲の場合は、冷たい濡れタオルでくるんで冷やすとよい。病院へ連れていく時も濡れタオルでくるんだ状態で冷やしながら連れていく。

● 溺れた

水を吐かせる

お湯をはったお風呂に落ちたりして溺れた場合など、まずはすぐに引き揚げて水を飲んでいるようなら吐かせること。猫の後ろ足を持って逆さまにし、体をゆすって気道の水を吐き出させる。

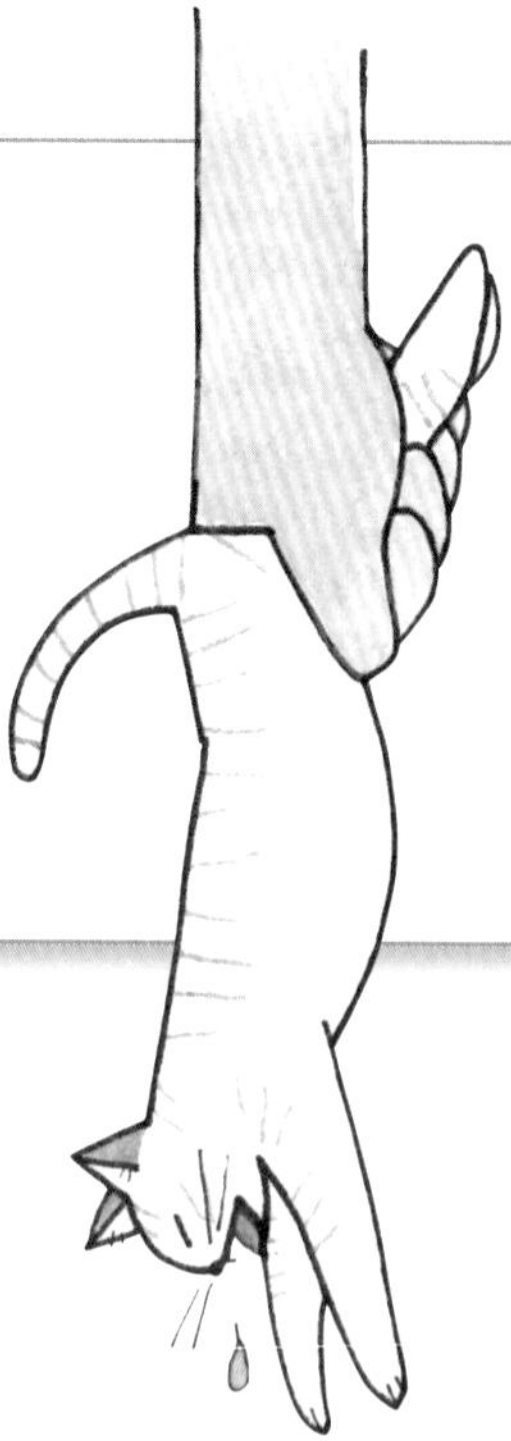

熱中症

体を冷やして体温を下げる

口を開けてハァハァと呼吸し体温の上昇が見られる。ショック状態に陥ると死に至ることもあるので、早急に体温を下げる処置を。猫の体に流水をかけるか、もしくは冷たい濡れタオルを軽く絞って体をくるむ。同時に、獣医師に連絡し指示を仰ぐ。

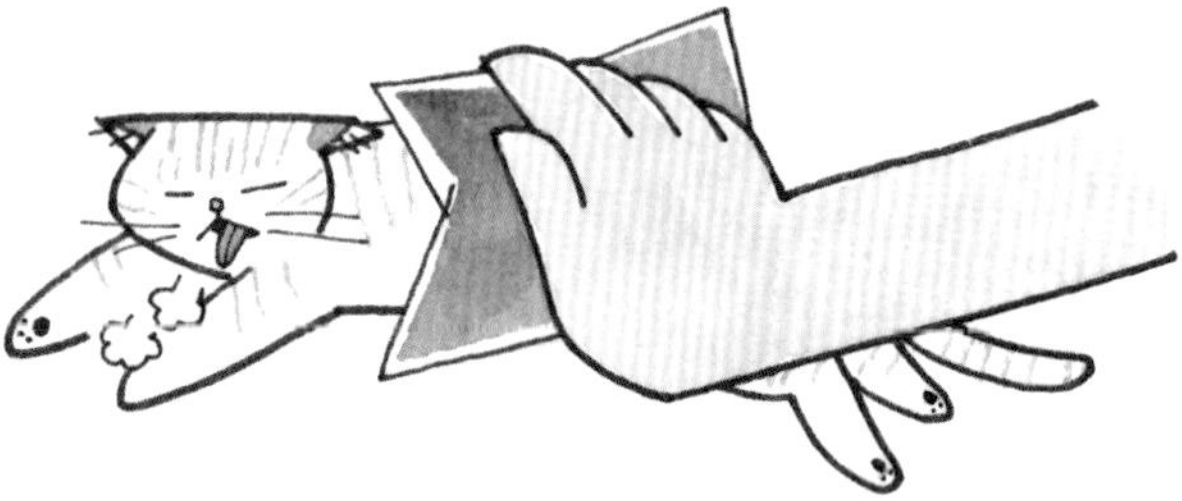

意識不明

気道確保してすぐ病院へ

舌で気道が塞がる恐れがあるので、まずは舌を引っ張りだして気道を確保しておくこと。むやみに動かさず、すぐに病院へ連絡して指示を仰ぐ。パニックにならず、落ち着いて状況を獣医師に伝えるようにする。

お別れの時

生き物である以上、死は必ず訪れるもの。いつか迎えるその時に向き合い受け入れるのも、猫への愛情ではないだろうか。小さな命に感謝を込めて旅立ちを見送ろう。

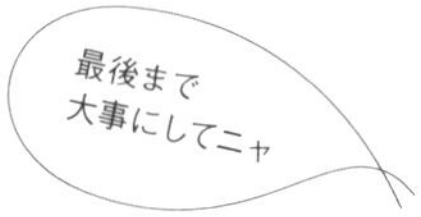

亡くなってしまったら…

遺体を清めて棺へ

愛猫が亡くなってしまったら、まずは遺体を綺麗なタオルで清めよう。労をねぎらい感謝の気持ちを込めて丁寧に。清めたら布などにくるんで棺に納め、埋葬が終わるまで家の中の冷暗所に安置する。夏場は冷房をきかせるか、保冷剤を一緒に入れておくこと。

死に向き合うのも愛情

どんなに手を尽くしても死を免れない場合や、猫の多くが飼い主より先に寿命を迎える時が来ます。猫とともに暮らすことが決まったら、私たちよりも寿命が短い生き物であることをきちんと理解した上で、「今」をともに生きること。そして、いつか必ず訪れる愛猫の旅立ちの時を最高の感謝を込めて送り出してあげられるように、事前に旅立ちのセレモニーを家族で考えておくことも最大限の愛情ではないでしょうか。

埋葬方法

自宅で埋葬

自宅の庭などに埋葬したい場合、条例で禁止されていないか事前に自治体へ確認を。隣家が近い場合なども配慮が必要。埋葬の際は自然に還りやすいよう段ボール箱や木の棺に入れ、他の動物に掘り返されないよう1m 以上の深さの穴を掘って埋葬するとよい。ただし、伝染病で亡くなった場合には衛生面に配慮して火葬を。

自治体で火葬

各自治体により対応や費用などが異なるので、事前に地域の保健所や清掃局に問い合わせてみるとよい。ただ、単独での火葬や遺骨の持ち帰りができないケースが多いので要注意。

ペット霊園で火葬

霊園ごとにシステムが異なり、業者も増えているので事前に調べておくと安心。合同葬、個別葬、立ち会い葬、自宅まで訪問してくれる移動火葬車など、希望に応じた葬儀が充実している。

ペットロスで苦しまないために

しっかり悲しむことも大事

愛猫の死後、ショックや喪失感から抜け切れずうつ状態が続いたり、罪悪感で自分を責め、食欲不振や不眠に悩まされる症状が長引くことを「ペットロス症候群」と呼び、ひどい場合は日常生活に支障をきたしてしまうことも。まずは抜け出そうと無理にもがくのではなく、泣きたい時は泣いてたっぷり悲しむこと。友人や同じような思いを経験した仲間に心の内を吐露することも大切です。そして、どんなに短い生涯でも闘病があったとしても、愛猫が天寿を精一杯生き抜いたことを心から褒めてあげましょう。同時にあなた自身もその時々の判断は必然で最善のものだったと受け止め、自分を責めないこと。死は自然の摂理です。家族として、また地球上に生きる同じ生き物として、ご縁のあった猫たちは時にそれを私たち人間に少しだけ先に見せてくれるのです。

監修

南部美香 Mika Nanbu

北里大学獣医学科卒業。厚生技官を経て、アメリカ・カリフォルニア州の「THE CAT HOSPITAL」で研修を受ける。帰国後、夫婦で渋谷区・千駄ヶ谷に猫専門病院「CAT HOSPITAL」を開業。『愛ネコにやってはいけない 88 の常識』（さくら舎）、『ねこけんぽう』（自由国民社）など著書多数。

●「なるほど Q&A」
「猫の困った行動あれこれ」監修

加藤由子 Yoshiko Kato

日本女子大学卒業。動物行動学専攻。エッセイスト、動物関連のライターとして著書多数。近著に『オスねこは左利き メスねこは右利き』（ナツメ社）など。

●「ニャンとも気持ちいいマッサージ」監修

石野 孝 Takashi Ishino

神奈川県鎌倉市にある「かまくらげんき動物病院」院長。最新の西洋医学とともに、鍼灸・マッサージなどの東洋医学を取り入れ、動物により優しく安全な医療を実践している。

●「特別な日に 手作り猫ごはん」監修

渡辺知昭 Tomoaki Watanabe

神奈川県川崎市に「ワタナベ獣医科医院」を開院。ペットの長期介護にも力を入れて、院内に介護を必要とする犬や猫たちの預かり施設を併設する。

●長寿表彰状に関するお問い合わせ
公益財団法人 日本動物愛護協会
TEL 03-3478-1886

●『猫びより』の姉妹誌『ネコまる』への投稿写真を使用させていただきました。

STAFF

デザイン	野村友美（mom design）
構成・執筆	高橋美樹、吉澤由美子（P51-55）、生駒里恵（P82-91）
写真	山下寅彦、芳澤ルミ子、佐藤正之、森山 越、じゃんぼよしだ、曽根原 昇、安海関二、奥山美奈子、高橋美樹、小林裕子
イラスト	おかやま たかとし
協力	犬・猫 ペットの美容室「FunkyD plus」
企画・進行	斎藤 実（猫びより編集部）

いちばん役立つペットシリーズ

はじめての猫とのしあわせな暮らし方

2024 年 2 月 20 日　初版第 1 刷発行

編　者	猫びより編集部
編集人	宮田玲子
発行人	廣瀬和二
発行所	株式会社 日東書院本社 〒 113-0033　東京都文京区本郷 1-33-13 春日町ビル 5F TEL 03-5931-5930（代表）FAX 03-6386-3087（販売） URL http://www.TG-NET.co.jp/
印刷・製本所	図書印刷株式会社

ISBN978-4-528-02448-9 C2077
本書は、「はじめての猫との暮らし方」（日東書院本社）を 2024年の情報にあわせて再編集したものです。